普通高等教育"十四五"规划新形态教材

U0747817

# 机械原理课程设计

JIXIE YUANLI KECHENG SHEJI ZHIDAO SHU

◎ 主　编：戴　娟　庞小兵　姜胜强
◎ 副主编：汪智能　杨　毅　唐嘉昌

Mechanical

中南大学出版社
www.csupress.com.cn
·长沙·

# 内容摘要

本书以强化机械系统设计意识、提高学生知识运用能力和创新能力为目标，在汲取各高校机械原理课程设计指导经验，并对相关内容进行整合充实的基础上编写而成。

本书以机械系统运动方案设计过程介绍为主线，全面介绍了机械原理课程设计的思路、方法、步骤和要求。本书的主要内容包括：机械原理课程设计的基本内容与方法、机械运动方案设计的内容和步骤、机械的功能原理设计、执行机构的组合和选型、机械执行系统的运动规律设计、机械传动系统方案设计、计算机辅助机构设计、机构的计算机建模与仿真等方面的知识，并配以多个机械运动方案设计实例进行说明，同时提供了满足不同学制、不同专业教学需要的课程设计题选。

本书可作为机械原理课程设计的指导教材，也可作为机械原理课程的配套和补充教材，适于高等工科院校机械类和近机类等专业的师生使用，亦可作为工程技术人员参考用书。

# 总序 F⊛REWORD

　　机械工程学科作为联结自然科学与工程行为的桥梁，是支撑物质社会的重要基础，在国家经济发展与科学技术发展布局中占有重要的地位。21 世纪的机械工程学科面临诸多重大挑战，它的突破将催生社会重大经济变革。当前机械工程学科进入了一个全新的发展阶段，总的发展趋势是以提升人类生活品质为目标，发展新概念产品、高效多功能制造技术、功能极端化装备设计制造理论与技术、制造过程智能化和精准化理论与技术、人造系统与自然世界和谐发展的可持续制造技术等。这对担负机械工程人才培养任务的高等学校提出了新挑战：高校必须突破传统思维束缚，培养能适应国家高速发展需求的具有机械学科新知识结构和创新能力的高素质人才。

　　为了顺应机械工程学科高等教育发展的新形势，湖南省机械工程学会、湖南省机械原理教学研究会、湖南省机械设计教学研究会、湖南省工程图学教学研究会、湖南省金工教学研究会与中南大学出版社一起积极组织了高等学校机械类专业系列教材的建设规划工作，成立了规划教材编委会。编委会由各高等学校机电学院院长及具有较高理论水平和教学经验的教授、学者和专家组成。编委会组织国内近20 所高等学校长期在教学、教改第一线工作的骨干教师召开了多次教材建设研讨会和提纲讨论会，充分交流教学成果、教改经验、教材建设经验，把教学研究成果与教材建设结合起来，并对教材编写的指导思想、特色、内容等进行了充分的论证，统一认识，明确思路。在此基础上，经编委会推荐和遴选，近百名具有丰富教学实践经验的教师参加了这套教材的编写工作。历经两年多的努力，这套教材终于与读者见面了，它凝结了全体编写者与组织者的心血，是他们集体智慧的结晶，也是他们教学教改成果的总结，体现了编写者对教育部"质量工程"精神的深刻领悟和对本学科教育规律的精准把握。

　　本套教材包括了高等学校机械类专业的基础课和部分专业基础课教材。整体看来，本套教材具有以下特色：

(1) 根据教育部高等学校教学指导委员会相关课程的教学基本要求编写。遵循"重基础、宽口径、强能力、强应用"的原则，注重科学性、系统性、实践性。

(2) 注重创新。本套教材不但反映了机械学科新知识、新技术、新方法的发展趋势和研究成果，还反映了其他相关学科在与机械学科的融合与渗透中产生的新前沿，体现了学科交叉对本学科的促进；教材与工程实践联系密切，应用实例丰富，体现了机械学科应用领域的不断扩大。

(3) 注重质量。本套教材编写组对教材内容进行了严格的审定与把关，教材力求概念准确、叙述精练、案例典型、深入浅出、用词规范，采用最新国家标准及技术规范，确保了教材的高质量与权威性。

(4) 教材体系立体化。为了方便教师教学与学生学习，本套教材还提供了电子课件、教学指导、教学大纲、考试大纲、题库、案例素材等教学资源支持服务平台。

教材要出精品，而精品不是一蹴而就的，我将这套书推荐给大家，请广大读者对它提出意见与建议，以利进一步提高。也希望教材编委会及出版社能做到与时俱进，根据高等教育改革发展形势、机械工程学科发展趋势和使用中的新体验，不断对教材进行修改、创新、完善，精益求精，使之更好地适应高等教育人才培养的需要。

衷心祝愿这套教材能在我国机械工程学科高等教育中充分发挥作用，也期待着这套教材能哺育新一代学子茁壮成长。

中国工程院院士　钟　掘

# 前言 PREFACE

　　为了适应并满足未来新兴产业和新经济的需要，教育部正式发布了《新工科研究与实践项目指南》，鼓励倡导培养具有新兴产业创新创业能力的新兴工科专业人才，即具有更强实践能力、创新能力、国际竞争力的高素质、复合型人才。

　　机械原理课程设计是工科院校学生在大学期间首次利用所学知识，在机构分析与综合方面进行的比较全面且有实际内容和意义的课程设计，也是学生综合运用课程所学理论知识和技能解决实际问题，获得工程技术训练的必不可少的实践性教学环节之一。其主要目的是使学生进一步巩固所学的机械原理课程理论知识并加深对它的理解，初步掌握机械运动方案设计的基本方法，从而培养学生的创新思维和设计能力。

　　本教材立足于"以设计为主线，分析为基础，立足点是机械系统的方案设计"的机械原理新课程体系要求，以强化机械系统设计意识、培养学生的创新能力及综合知识运用能力为目标，在汲取各高校机械原理课程设计经验并对相关内容进行整合充实的基础上编写而成。

　　本教材以机械运动方案设计过程介绍为主线，全面介绍了机械原理课程设计的思路、方法、步骤和要求。本教材的主要内容包括：机械原理课程设计的基本内容与方法、机械运动方案设计的内容和步骤、机械的功能原理设计、执行机构的组合和选型、机械执行系统的运动规律设计、机械传动系统方案设计、计算机辅助机构设计、机构的计算机建模与仿真等方面的知识，并配以多个机械运动方案设计实例进行说明，同时提供了满足不同学制、不同专业教学需要的课程设计题选。

　　本教材编写以机械运动方案设计过程介绍为主线，坚持少而精的原则，减少了与机械原理课程内容重复的部分，在内容上力求与机械原理课程教学要求紧密结合，注重学生的基本设计能力和创新能力的培养，在素材选取上充分考虑了现代机械产品设计的需要，融入了大学生创新大赛的优秀设计作品介绍，因而实践性和指导性较强。

本教材可作为机械原理课程设计的指导用书，也可作为机械原理课程的配套和补充教材，适用于高等工科院校机械类和近机类(含车辆工程、材料加工成型、机电一体化)等专业的师生使用，亦可作为工程技术人员参考用书。

本教材由戴娟(长沙学院)、庞小兵(长沙学院)、姜胜强(湘潭大学)、汪智能(湖南科技大学)、杨毅(南华大学)、唐嘉昌(湖南工业大学)等几位老师共同编写，全书由戴娟统稿和审阅。本书在编写和出版过程中得到了中南大学出版社的大力支持和帮助，尤其是谭平编辑对教材出版提出了许多宝贵意见和建议，在此对这些老师的辛勤付出一并表示由衷的谢意！同时也向为本书提供建议的长沙学院夏尊凤教授、桑艳伟博士和教材中参考文献所列的学者们表示深深的感谢！

由于水平有限，教材中的漏误及不足之处在所难免，敬请同仁和读者不吝指正。

联系方式(E-mail)：826444672@qq.com

编　者<br/>2024 年 1 月

# C●NTENTS 目录

1

# 第1章
# 概述

## 1.1 机械设计的一般程序

机械设计是机械工程的重要组成部分，是从市场的需求出发，通过构思、计划和决策，确定机械产品的功能、原理方案、技术参数和结构等，并把设想变为现实的一种技术实践活动过程。机械设计的最终目的是要设计出一种能达到预定功能要求，具有性能好、成本低、价值最优的优点，能满足市场需求的机械产品。

机械产品设计是一个复杂的过程，涉及设计过程、设计管理、市场需求、社会环境等方方面面，其特点主要表现在以下几个方面。

**1. 机械产品设计过程具有渐变性**

这主要表现在以下几个方面：

(1)产品设计是一个从抽象概念到具体产品的演化过程。

(2)产品设计是一个逐步求精、细化的过程。

(3)产品设计是一个反复修改和迭代的过程。

(4)设计方案具有多解性。

(5)产品设计是一个不断创新的过程。

**2. 机械产品设计过程必须以市场需求为导向**

产品设计与制造的目的是满足市场的需求，因此，用户的满意程度是衡量产品优劣的主要指标。注重市场调查和预测，明确市场将需要什么，是设计师应经常关心的问题，特别是要把重点放在市场预测上，并以此为基础，确定新产品开发计划。

**3. 机械产品设计过程管理中存在复杂性**

这主要表现在：产品开发过程管理要求能够从需求分析、概念设计直到最终设计完成，对整个产品开发过程进行组织、协调和控制，并且能够对每一个阶段所需要的设备、工具、人员等进行分配、组织和管理。同时，产品开发创新程度、设计方法等方面的不同及其相互作用，又进一步加剧了产品开发过程管理的难度。同时产品开发也受到制造企业各个方面，例如产品开发策略、可利用资源、组织结构、人员素质、开发经验、信息技术、协作与合作、异地设计等的影响。因而，设计过程管理是一个重要而又复杂的过程。

**4. 机械产品设计过程中应强调增强对自然环境的保护意识、建立可持续发展观念的必要性**

随着人们对自然环境的保护意识的增长，要求在产品开发过程中，对涉及的社会环境问题、资源的合理利用问题等给予足够的重视，也就是说，在设计过程中，应增强社会环境的意识和建立可持续发展的观念。

机械设计一般可分为以下几个方面：

(1)开发性设计。根据机械产品的总功能要求和约束条件，应用成熟的科学技术或经过实验证明可行的新技术，设计未曾有过的新型机械，主要包括功能设计和结构设计。

（2）继承设计。原理方案保持基本不变，根据使用经验和技术发展对已有的机械设计进行更新，对产品的局部结构或性能进行改造，以降低制造成本或减少运行费用。

（3）变型设计。为适应新的需求，对产品结构设置和尺寸加以改变，使之满足功率和速比等不同要求，以开发出不同于标准型的变型产品。

机械设计的过程是复杂的，它涉及多方面工作。为了提高机械设计的质量，必须有一个科学的设计程序。不同类型的机械产品的开发、设计过程不尽相同，但大致上可分为四个阶段，即产品计划阶段、方案设计阶段、技术设计阶段和技术文件编制阶段。每个阶段的大致内容和目标见表 1-1。

表 1-1　机械设计的一般过程

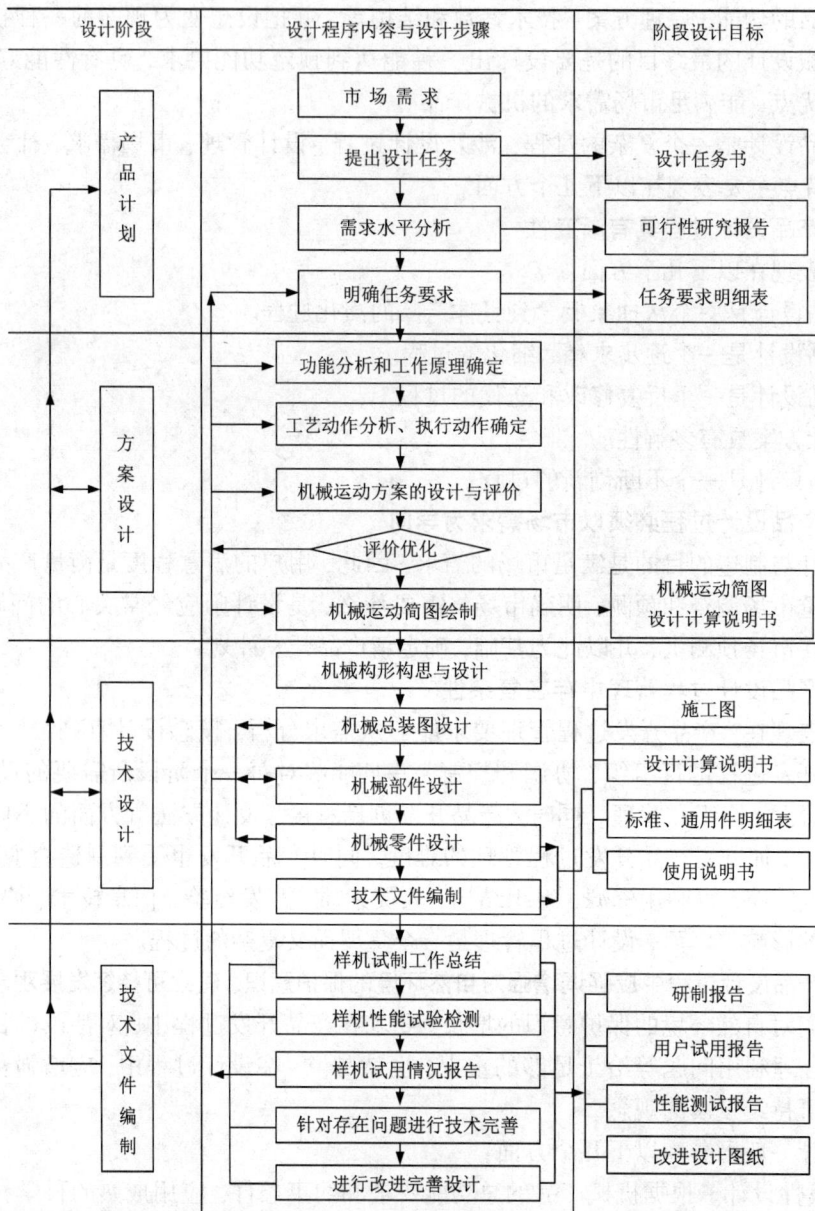

| 设计阶段 | 设计程序内容与设计步骤 | 阶段设计目标 |
| --- | --- | --- |
| 产品计划 | 市场需求 → 提出设计任务 → 需求水平分析 → 明确任务要求 | 设计任务书 / 可行性研究报告 / 任务要求明细表 |
| 方案设计 | 功能分析和工作原理确定 → 工艺动作分析、执行动作确定 → 机械运动方案的设计与评价 → 评价优化 → 机械运动简图绘制 | 机械运动简图 设计计算说明书 |
| 技术设计 | 机械构形构思与设计 → 机械总装图设计 → 机械部件设计 → 机械零件设计 → 技术文件编制 | 施工图 / 设计计算说明书 / 标准、通用件明细表 / 使用说明书 |
| 技术文件编制 | 样机试制工作总结 → 样机性能试验检测 → 样机试用情况报告 → 针对存在问题进行技术完善 → 进行改进完善设计 | 研制报告 / 用户试用报告 / 性能测试报告 / 改进设计图纸 |

2

## 1.2 机械原理课程设计的目的和教学要求

### 1.2.1 机械原理课程设计的目的

机械原理课程设计是工科院校机械类学生在大学期间利用已学过的知识和计算机工具而进行的一次比较全面的、具有实际内容和意义的课程设计，也是机械原理课程的一个重要的实践教学环节。作为知识转化为能力的桥梁，机械原理课程设计的主要目的是：进一步巩固和加深学生所学的理论知识，并将其系统化；培养学生综合运用所学知识独立解决实际问题的能力；使学生通过机械运动方案设计，学会如何合理地利用设计者的专业知识和分析能力，创造性地构思出各种可能的方案，并从中选出最佳方案，从而在机械分析与综合方面受到一次比较全面的训练。

机械运动方案及机械运动简图设计是机械产品设计的第一步，也是决定机械产品质量高低、性能优劣和经济效益好坏的关键性一步。机械原理课程设计要求针对某种简单机器(工艺动作过程比较简单)进行机械运动简图设计。即在明确设计要求和条件的基础上，通过对机器进行功能分析和功能原理设计，拟定工艺动作方案，选择执行机构类型，并对机械运动方案进行评价、优选及决策和机构尺度综合等，为下一步进行详细的结构设计做好原理方案方面的准备，并提出战略性、指导性的意见。通过机械原理课程设计，培养学生开发和创新机械的能力，尤其是创新能力的培养，在机械原理课程教学中占有十分重要的位置。

加强机械系统方案的创新构思与设计，其目的在于：加强机械系统多方案的评价与优选；加强设计内容的综合性和工程性；加强现代机械设计基本功的训练与培养；加强各种现代设计方法与手段的掌握与应用，使学生具有更高的综合素质、更强的机械设计和创新能力，以适应时代的要求。

机械原理课程设计通过对某种简单机器(工艺动作过程比较简单)的分析，进行机械运动简图的设计，其中包括机器动能的分析、工艺动作过程的确定、执行机构的选择、机械运动方案的评定、机构尺度综合等。其具体内容包括：

(1)按照给定的机械总功能要求，分解成子功能进行机构的选型和组合。

(2)设计该机械执行系统的几种运动方案，对各运动方案进行对比和选择。

(3)对选定方案中的机构——连杆机构、凸轮机构、齿轮机构、其他常用机构及组合机构进行分析和设计。

(4)制定机构运动循环图，并画出机构运动简图。

机械原理课程设计在内容的组织和具体设计要求上大体可分为两种：一种是选用已有的典型机械，对其进行比较系统的运动分析与受力分析等，以加深学生对机械原理课程各章节内容的理解和掌握；另一种是根据某些功能要求，要求学生独立地确定机械系统的运动方案，并对其中的某些机构进行设计。前者侧重于分析，后者则侧重于设计。选用何种形式和内容，可由指导教师根据学生的学习专业和教学基本要求而定。机械原理课程设计大致步骤和内容见表1-2。但需注意，表中的设计步骤和内容仅供参考，实际教学时可根据教师给定的设计任务书中的具体要求来进行。

表 1-2 机械原理课程设计大致步骤和内容(仅供参考)

| 序号 | 设计步骤 | 拟完成的相关计划内容 | 拟完成的阶段性成果 |
|---|---|---|---|
| 1 | 设计前的准备 | 通过阅读、参观(模型、实物或生产现场)及查阅设计资料等途径了解设计的相关内容 | 熟悉课题及设计任务 |
| 2 | 进行机构选型 | 主执行机构、辅助执行机构(如进刀机构、调节机构、送料机构等)的选型 | 对各种机构进行定性比较、评价,拟定选择的依据;选出最终方案 |
| 3 | 选用原动机 | 选出原动机类型、型号 | 给出设计依据和相关结果 |
| 4 | 拟定传动系统方案及传动系统参数设计计算 | 设计传动系统方案和相关传动系统参数(如总传动比、执行机构中主动件转速、轮系及其设计等) | 绘制机构传动系统图 |
| 5 | 绘制系统工作循环图 | 设计 1~2 个最终方案的工作循环图 | 绘制整机工作循环图 |
| 6 | 执行机构的尺度综合 | 设计主执行机构和辅助执行机构的运动学尺寸 | 绘制机构运动简图 |
| 7 | 执行机构的静力学分析 | 用图解法或解析法或借助 CAD 等进行执行机构的解析法静力学分析 | 静力分析结果(含必要的程序清单) |
| 8 | 执行机构的运动分析 | 用图解法或解析法或借助 CAD 等进行执行机构的运动分析 | 运动分析结果(位移、速度、加速度曲线)及程序清单 |
| 9 | 编写设计计算说明书 | 按装订顺序整理计算说明书 | 设计计算说明书 |

## 1.2.2　机械原理课程设计的教学要求

通过机械原理课程设计教学,学生应达到如下要求:

(1)以机械系统运动方案的设计与拟定为结合点,把机械原理课程中分散在各章的理论与方法融会贯通,进一步巩固和深入理解机械原理课程的基本概念、基本理论和基本方法。

(2)树立正确的设计思想,掌握机械产品的总体方案设计、运动和动力设计过程。

(3)培养学生调查研究、分析比较的能力,使学生具有一定的机械产品或机械系统总体方案或运动方案创新设计的能力。

(4)提高学生运用多学科知识的综合能力和灵活应用各种设计方法与技巧的能力。

(5)通过绘图和撰写技术说明书,培养学生表达、归纳和独立思考与分析的能力。

总之,机械设计是一项具有挑战性的创造性劳动,设计方案的快速确定及对其合理性的论证与设计经验密切相关,同学们一定要注意观察在生活与生产实际中接触到的各种机械设备,分析并了解它们的结构特点、工作原理,积累一定的经验,以便今后设计出更好的机械产品。

# 1.3　机械原理课程设计的主要内容

## 1.3.1　机械原理课程设计的主要内容

如前所述,执行系统是直接完成机械系统预期工作任务的部分。它是由一个或多个执行机构组成的工作系统。执行构件的数量及运动形式、运动规律和传动特性等要求,决定了整个执行系统的结构方案。机械执行系统的方案设计是机械系统总体方案设计的核心,同时也是整个机械设计工作的基础。因此,机械原理课程设计的核心内容是培养学生完成机械执行系统运动方案设计的能力,主要围绕以下几个方面进行。

(1)功能原理设计。

根据机械预期实现的功能,决定选择何种工作原理来实现所需的功能要求。采用不同的工作原理设计出的机械,其性能、结构、工作品质、适用场合等都会有很大的差异。

(2)执行机构型式设计。

实现同一种运动,可以选择不同型式的机构。执行机构的型式设计是指选用何种机构来实现上述运动规律。这需要综合考虑机构的动力特性、机械效率、制造成本等因素。

(3)运动规律设计。

根据工作原理决定选择何种运动规律。工艺动作分解是运动规律设计的基础,工艺动作分解的方法不同,形成的运动方案也不同。同一个工作原理,可以有多种工艺动作分解。不同的工艺动作分解,将会得到不同的设计结果。

(4)执行系统和构件的运动性协调设计。

对于由多个执行构件组合而成的复杂机械,必须使这些执行构件的运动以一定的次序协调配合进行,以完成预期的工作要求。

(5)机构尺度综合。

机构尺度综合是指对所选择的各个执行机构进行运动和动力设计,确定各执行机构(一般为运动形式变换机构)的运动学尺寸,绘制出各执行机构的运动简图。

(6)运动和动力分析。

对整个执行系统进行运动分析和动力分析,检验其是否满足运动要求和动力性能方面的要求。

(7)执行系统方案评价与决策。

机械执行系统方案设计所研究的问题,就是如何合理地利用设计者的专业知识和分析能力,创造性地构思出各种可能的方案并从中选出最佳方案。

## 1.3.2　拟定机械运动方案时应考虑的主要因素

### 1. 总体布局要求

动力源形式、传动机构与执行机构的总体布局、输入构件与输出构件的相对位置安排是机构选型和组合安排必须考虑的因素。

### 2. 运动规律要求

执行机构必须能实现输出构件的运动形式与运动规律。各种机构的适用工作速度是不完全相同的, 而这些工作速度的范围是机构选型及组合安排的基本依据。

**3. 运动精度要求**

运动精度的高低对机构的选型影响很大。

**4. 承载能力要求**

各种机构的承载能力所能达到的最大工作速度是不同的, 因而需要根据载荷的大小及动态特性等选择合适的机构。

**5. 使用要求和工作条件**

使用单位所提出的生产要求、生产车间的条件、使用和维修要求等, 均对机构选型和组合安排有很大影响, 所以必须给予足够的重视。

**6. 人机系统的要求**

人机系统的要求包含机械与人的合理分工、机械操作的宜人性、机械的安全运转等, 这些也是拟定机械运动方案时应考虑的重要因素。

### 1.3.3 机械执行系统运动方案设计的一般流程

执行系统运动方案设计, 是在产品规划明确拟定了其功能目标后进行的。执行系统的设计不存在固有的设计程序, 但为使初学者容易掌握, 可将其设计流程概括如图 1-1 所示。

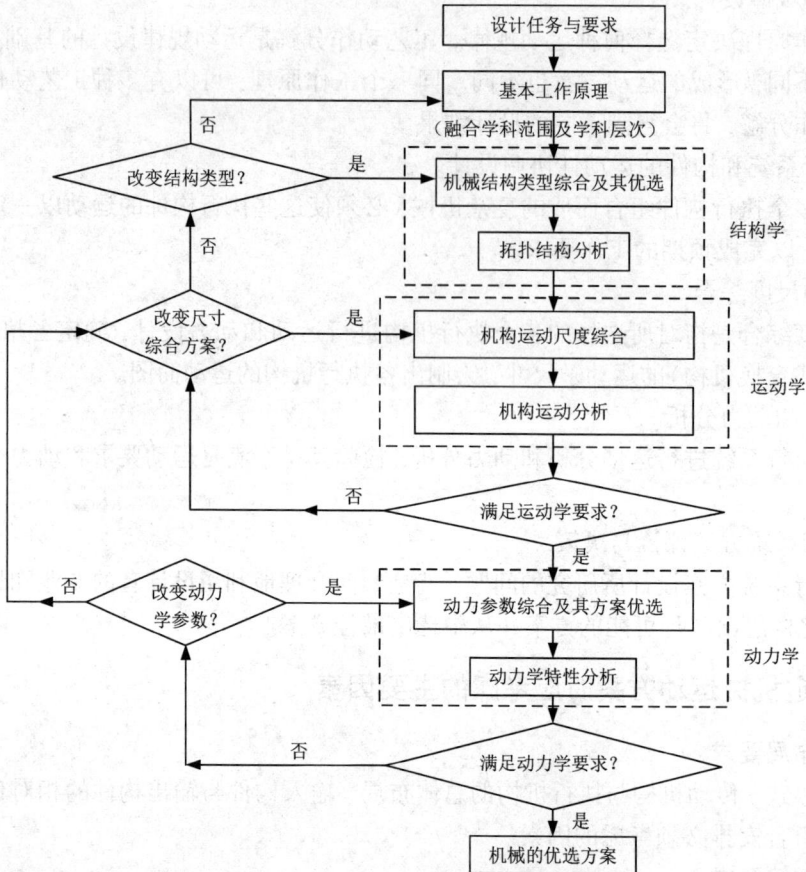

**图 1-1 机械运动方案设计流程框图**

6

## 1.4　机械原理课程设计说明书的编写

　　课程设计说明书是技术说明书中的一种,是学生对整个设计计算的整理和总结,同时也是审核设计过程的技术文件之一。编写计算说明书是课程设计的一个重要部分,也是一个合格的科技工作者必须掌握的基本技能之一。整理并编写课程设计说明书,能提高学生整理设计数据、绘制图表和简图、用工程术语表达设计成果的能力和归纳总结的表达能力,同时也能为今后编写其他课程设计、毕业设计,撰写科技论文打下良好基础。

　　机械原理课程设计说明书的内容应结合教师布置的设计任务书要求进行编写,一般包括以下几方面:

　　(1)课程设计任务或题目简介。
　　(2)机械工艺动作和运动规律分析。
　　(3)运动协调性设计和整机工作循环图的拟定。
　　(4)执行机构选型和方案拟定。
　　(5)各方案的对比、评价。
　　(6)机械传动系统的设计和主要传动件的尺寸计算。
　　(7)执行机构尺度综合及结果。
　　(8)机构运动分析及其结果(附计算机编程程序和打印结果)。
　　(9)修改并完善整机工作循环图。
　　(10)绘制机械运动方案简图。
　　(11)设计小结。
　　(12)参考文献。

　　编写机械原理课程设计说明书时的注意事项如下:

　　(1)确保基本素材的完整性。每个学生在接到课程设计题目之后,都要把在课程设计过程中查阅、摘录的资料,以及初步的运算、编程的草稿、设计构思的草图、心得思路和书写的草稿等记录在一起,做到不遗失、不散落。

　　(2)设计说明书要求使用蓝、黑色钢笔或圆珠笔书写,不得用铅笔或彩色笔书写。努力做到内容全面,书写工整,文字简练,图文并茂,层次分明,主题明确,内容清楚,重点突出。

　　(3)计算内容要列出公式、代入数值、写出结果、标明单位,中间运算过程可适当省略。

　　(4)说明书中应编写必要的大、小标题,引用的计算公式或数据要注明来源(如参考资料的编号和页码等)。

　　(5)在设计的计算说明书中,还应附有与计算有关的简图(如受力图、计算机程序框图等)。

　　(6)说明书用 16 开纸(A4)书写,应编写页码,并加上封面与目录,最后按顺序装订成册。

# 第2章
# 机械执行系统的运动方案设计

## 2.1 机械的功能原理设计

### 2.1.1 关于功能原理设计

机构的功能是指机构进行运动变换、传递运动和动力的能力。功能原理设计是指根据机械预期的功能要求，构思和选择合适的机械功能原理(工作原理)，以实现这一功能要求，并力求在较好地实现机械功能要求的前提下，构思和选择简单的功能原理。它是机械执行系统设计的第一步，也是十分重要的一步。换言之，机械产品设计的最初环节，就是针对产品的主要功能提出一些原理性的构思。功能原理设计的好坏，将直接决定产品的技术水平、工作质量、传动方案、结构型式、制造成本。

为了让机械能实现某种预期的功能要求，可以采用多种不同的工作原理，如加工齿轮可以选择仿形原理，也可以采用展成原理。同样的工作原理又可以采用不同的工艺动作，从而使执行系统的运动方案截然不同，设计出的机器也大相径庭，如采用展成原理加工齿轮，就可以用插齿机、滚齿机、剃齿机等不同的执行系统。

### 2.1.2 功能原理设计的内容

由于动力机类型规格繁多，除了热机(蒸汽机、内燃机)主要应用于经常变换工作场所的机械设备和运输车辆外，目前大部分机械均优先选用电动机作为原动机。这样，一般输入构件的运动形式就大多为连续转动。正是由于原动机运动的单一性与生产要求中工作机构运动的多样性之间存在矛盾，所以必须依靠各种机构进行运动形式、运动速度、运动方向的变换，并进行合理的操纵与控制，以达到协调统一。

任何一个复杂的执行机构都可以认为是由一些基本机构组成的，表2-1为这些基本机构具有的能进行运动变换和传递动力的基本功能及其表达符号。

表 2-1 机构基本功能元及表示符号

| 功能 | 符号 | 功能 | 符号 |
|---|---|---|---|
| 运动放大 | | 运动缩小 | |
| 运动合成 | | 运动分解 | |
| 运动形式变换 | | 运动方向交替变换 | |
| 运动轴线变换 | | 运动停歇 | |
| 运动链接 | | 运动脱离 | |

功能原理设计的内容是构思能实现功能目标的新的解法原理。其工作步骤是：必须先深入分析产品的功能，明确产品要实现的总功能；然后通过细分总功能，得到需要设计的机械功能；最后对每个功能进行分析设计。在设计的过程中，要先从确定的功能做起，然后才能进行创新构思，设计出具有创新性的机械产品。这首先要通过调查研究，确定符合当时技术发展的明确的功能目标，然后再进行创新构思，以便寻求新的解法原理，通过原理验证后，确定方案及评价，最后选出一种较为合理的方案。

功能原理设计的重点在于提出创新构思，使思维尽量"发散"，力求提出较多的解，以便比较和选优。对构件的具体结构、材料和制造工艺等，则不一定要有成熟的考虑。

## 2.1.3　功能原理设计的方法

任何复杂的运动总是可以分解成一些最基本的运动。这些基本运动形式有直线移动、转动、摆动、连续运动、间歇、步进等。而这些基本运动形式可由如图 2-1 所示的符号进行描述。

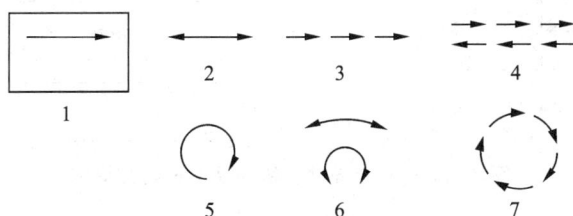

(a)驱动件基本运动图示

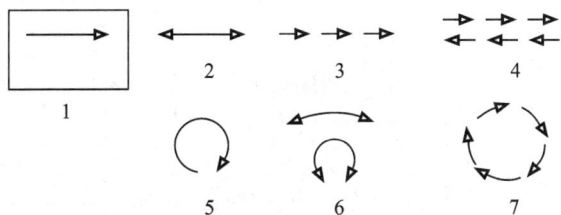

(b)从动件基本运动图示

1—直线运动；2—往复运动；3—间歇运动；4—间歇往复运动；
5—回转运动；6—往复摆动；7—间歇回转运动。

**图 2-1　基本运动图示方法**

一般情况下，机械的总体功能可以分解成若干分功能。功能分析的一般办法是将总功能逐级分解为子功能、二级子功能等，其末端是基本功能，然后找出相应的基本运动。功能分析可以用简图或示意图来表达所构思的内容。例如，图 2-2 为某材料拉伸试验机的功能分析结构图，图 2-3 为一款用于反恐排爆机器人的功能分析结构图。

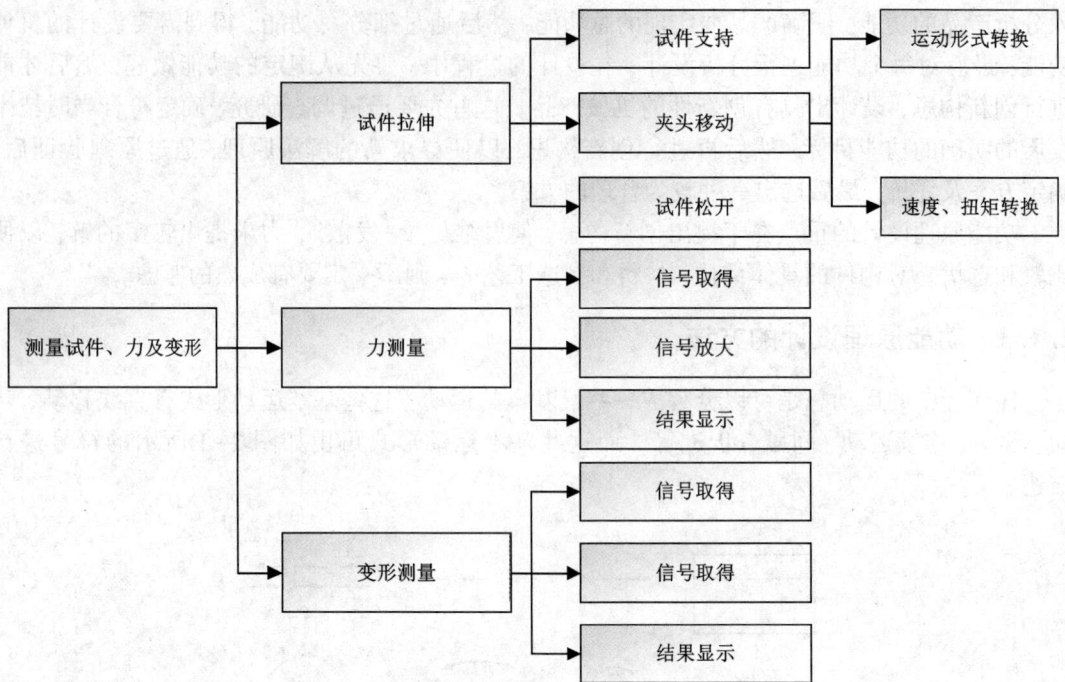

图2-2 材料拉伸试验机的功能分析结构图

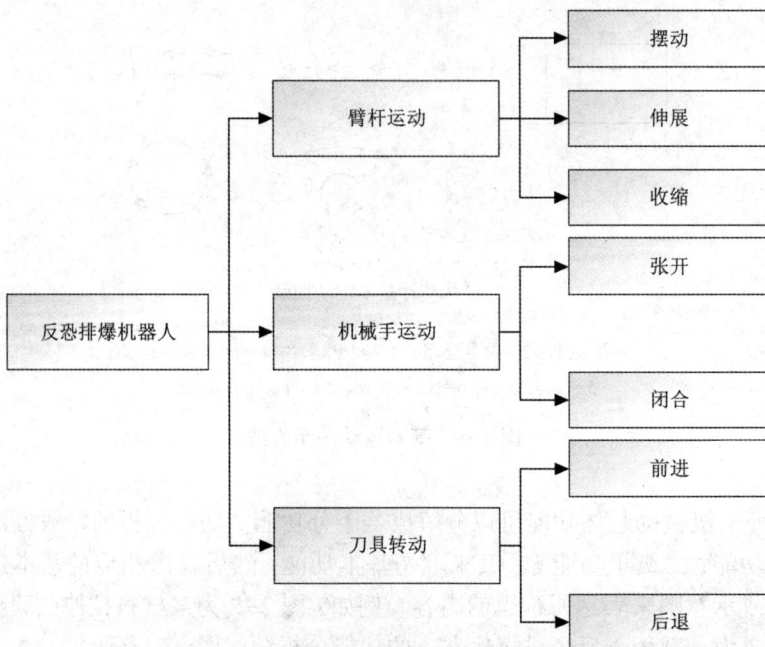

图2-3 反恐排爆机器人的功能分析结构图

## 2.2　执行机构的组合和选型

由于生产对各种机器的要求千变万化，工作原理也各异，因而其工艺过程所需的动作往往不只一个，不是单独一个机构所能实现的，而必须应用几个机构适当组合才能完成。由于能够变化转速大小的传动机构和能够转换输入件与输出件所需运动型式的执行机构往往有很多种，它们各有优缺点，故应当按照实际情况选用其中最适合的一种。因此，设计机器时，便会遇到机构的选型和组合应用问题。

### 2.2.1　机构的组合

在工程实际中，对于比较复杂的运动变换，单一的基本机构往往由于其本身所固有的局限性而无法满足多方面的要求。由此，人们把若干种基本机构用一定方式连接起来组成组合机构，以便得到单个基本机构所不能有的运动性能。机构的组合是发展新机构的重要途径之一。通过机构的组合可构思出运动奇妙、功能多样的机构，以弥补单一机构的不足。

组合机构的定义：用一种机构去约束和影响另一个多自由度机构所形成的封闭式机构系统，或者是由几种基本机构有机联系、互相协调和配合所组成的机构系统。

机构的组合方式有多种。在机构组合系统中，单个的基本机构称为组合系统的子机构。常见的机构组合方式主要有串联式组合、并联式组合、反馈式组合、复合式组合四种。各组合方式的特点见表 2-2。

**表 2-2　常见的机构组合方式**

| 组合方式 | 特点 | 组合示意框图 |
|---|---|---|
| 串联式组合 | 在机构组合系统中，前一级子机构的输出构件即为后一级子机构的输入构件 | 输入 → 子机构1 → 子机构2 → 输出 |
| 并联式组合 | 在机构组合系统中，若几个子机构共用同一个输入构件，而它们的输出运动又同时输入给一个多自由度的子机构，从而形成一个自由度为 1 的机构系统 | 输入 →（子机构1、子机构2）→ 子机构3 → 输出 |
| 反馈式组合 | 在机构组合系统中，输出通过一个机构又返回给输入，其多自由度子机构的一个输入运动是通过单自由度子机构从该多自由度子机构的输出构件回授 | 输入 → 子机构1 → 输出；子机构2 反馈 |
| 复合式组合 | 组合系统中，由一个或几个串联的基本机构去封闭一个具有两个或多个自由度的基本机构 | 输入 → 子机构1 → 子机构2 → 输出 |

### 2.2.2　机构选型的基本要求

所谓机构选型,是利用发散思维的方法,将前人创造发明的各种机构按照运动特性或动作功能进行分类,然后根据设计对象中执行构件所需要的运动特性或动作功能进行搜索、选择、比较和评价,选出执行机构的合适形式。

机构选型的基本要求如下。

(1)满足工艺动作及其运动规律的要求。

在选择机构时,首先应满足执行构件的工艺动作及其运动规律的要求。通常高副机构比较容易实现所要求的运动规律和轨迹,但是高副的曲面加工制造比较麻烦,而且高副元素容易因磨损而造成运动失真。虽然低副机构往往只能近似实现所要求的运动规律或轨迹,尤其当构件数目较多时,累计误差较大,设计也比较困难,但低副元素(圆柱面或平面)易于加工且容易达到加工精度要求。因此从全面考虑,优先采用低副机构。

(2)机构的传动链要短。

在选用机构时,应尽量减少中间环节,即传动链要短,并且尽量少采用运动副,因为这类运动副容易发生楔紧或自锁现象。在满足使用要求的前提下,机构的结构应尽可能简单,构件的数目和运动副数目也尽可能要少。这样不仅可以减少制造和装配的困难,减轻重量,降低成本,而且还可以减少机构的累计运动误差,提高机器的效率和工作可靠性。

(3)机构的传力性能要好。

机构的传力性能包括传动角(压力角)、防止自锁、惯性力平衡等。

所选机构的传力特性好,机械效率就会较高。例如低效率的蜗杆机构应该少用;行星轮传动中优先采用负号机构,因为通常负号机构比正号机构效率高;增速机构一般效率较低,也应该尽量避免采用。高速机械或者载荷变化很大的机构尤应注意这一原则。对于高速机械,机构选型要尽量考虑其对称性,对机构或回转构件进行平衡,使其质量合理分布,以求惯性力的平衡并减小动载荷。对于传力大的机构,要尽量增大机构的传动角或减小传动角,以防止机构自锁,增大机器的传力效益,从而减小原动机的功率及其损耗。

(4)动力源的选择应有利于简化机构和改善运动质量。

目前机器的原动机多采用电动机,也有采用液压缸或气缸的。在有液、气压动力源时尽量采用液压缸或气缸,这样有利于简化传动链和改善运动质量,而且具有减振、易于减速、操作方便等优点,特别是对于具有多执行构件的工程机械、自动机械,其优越性更加突出。此外,执行机构的选择要考虑到与原动机的运动方式、功率、转矩及其载荷特性是否能够相互匹配协调。

### 2.2.3　机构选型的常用方法

**1. 按照执行构件所需的运动特性进行机构选型**

这种方法是从具有相同运动特性的机构中,按照执行构件所需的运动特性进行搜寻。当有多种机构均可满足所需时,则可根据机构选型的原则,对初选的机构形式进行分析和比较,选出较优的机构,如表 2-3 所示。

表 2-3　常见运动特性及其对应机构

| | | |
|---|---|---|
| 连续转动 | 定传动比匀速 | 平行四杆机构、双万向联轴节机构、齿轮机构、轮系、谐波传动机构、摆线针轮机构、摩擦轮传动机构、挠性传动机构等 |
| | 变传动比匀速 | 轴向滑移圆柱齿轮机构、混合轮系变速机构、摩擦传动机构、行星无级变速机构、挠性无级变速机构等 |
| | 非匀速 | 双曲柄机构、转动导杆机构、单万向连轴节机构、非圆齿轮机构、某些组合机构等 |
| 往复运动 | 往复移动 | 曲柄滑块机构、移动导杆机构、正弦机构、移动从动件凸轮机构、齿轮齿条机构、楔块机构、螺旋机构、气动机构、液压机构等 |
| | 往复摆动 | 曲柄摇杆机构、双摇杆机构、摆动导杆机构、曲柄摇块机构、空间连杆机构、摆动从动件凸轮机构、某些组合机构等 |
| 间歇运动 | 间歇转动 | 棘轮机构、槽轮机构、不完全齿轮机构、凸轮式间歇运动机构、某些组合机构等 |
| | 间歇摆动 | 特殊形式的连杆机构、摆动从动件凸轮机构、齿轮-连杆组合机构、利用连杆曲线圆弧段或直线段组成的多杆机构等 |
| | 间歇移动 | 棘齿条机构、摩擦传动机构、从动件作间歇往复运动的凸轮机构、反凸轮机构、气动机构、液压机构、移动杆有停歇的斜面机构等 |
| 预定轨迹 | 直线轨迹 | 连杆近似直线机构、八杆精确直线机构、某些组合机构等 |
| | 曲线轨迹 | 利用连杆曲线实现预定轨迹的多杆机构、凸轮-连杆组合机构、行星轮系与连杆组合机构等 |
| 特殊运动要求 | 换向 | 双向式棘轮机构、定轴轮系(三星轮换向机构)等 |
| | 超越 | 齿式棘轮机构、摩擦式棘轮机构等 |
| | 过载保护 | 带传动机构、摩擦传动机构等 |

利用这种方法进行机构选型,十分方便、直观。设计者只需根据给定工艺动作的运动特性,从有关手册中查阅并选出相应的机构即可,故使用普遍。

**2. 按照动作功能分解与组合原理进行机构选型**

在根据生产工艺和使用要求进行执行机构设计时,可先认真研究它需实现的总体功能。一般情况下,总体功能可以分解成若干分功能。这样的分解可用公式表达:

$$U = U_i \quad (i = 1, 2, \cdots, m) \tag{2-1}$$

总体功能 $U$ 是由若干个分功能 $U_i$ 组成的,而每一个分功能又可以用不同的机构来实现,即

$$T_j = t_{j1}, t_{j2}, \cdots, t_{jn} \quad (j = 1, 2, \cdots, n) \tag{2-2}$$

式中:$T_j$ 为能够完成该分功能的机构的集合;$t_{jn}$ 为对应于一个能完成分功能 $U_i$ 的机构;$n$ 为能实现该分功能的机构数目。

若用 $U_i$ 定义行,$T_j$ 定义列,$t_{ij}$ 为元素构成矩阵,则可得功能—技术矩阵:

$$U - T = \begin{bmatrix} t_{11} & \cdots & t_{1j} & \cdots & t_{1n} \\ \vdots & & \vdots & & \vdots \\ t_{i1} & \cdots & t_{ij} & \cdots & t_{in} \\ \vdots & & \vdots & & \vdots \\ t_{m1} & \cdots & t_{mj} & \cdots & t_{mn} \end{bmatrix} \qquad (2-3)$$

由于能够实现各分功能的机构数目并不相等,因此,通常将能实现某一分功能的最多机构数定为 $n$,少于 $n$ 的分功能的元素项 $t_{ij}$ 用零表示。

由于总体功能是由若干个分功能组成的,因此,只要在矩阵的每一行任找一个元素,再把各行中找出的机构组合起来,就能组成一个能实现总体功能的方案。故在确定各分功能顺序的前提下,方案总数 $N$ 为:

$$N = n^m \qquad (2-4)$$

式中: $n$ 为机构数目; $m$ 为分功能数目。

得到各种方案后,先剔除一些明显不成立的、不符合要求的方案,然后按照上节所述的原则,筛选出一些较合理的方案,以供进一步评价。这种方法有利于利用计算机存储、分析和选择,具有广阔前景。

## 2.3 机构运动方案的创新设计方法

### 2.3.1 机械运动方案的创新设计

机械可以由一个简单机构组成,也可以由多个机构组成,成为一个实体系统。机械运动方案的设计从根本上决定了机械系统的基本功能,确定了机构的基本类型和对其运动规律的基本要求,直接影响着机械结构的复杂程度和机械设计的难度,对能否实现给定的设计要求起着至关重要的决定性作用。运动方案设计的优劣,最终将影响机械或其产品成本的高低和机械的使用效果的好坏。

创新设计是通过创新思维,运用创新设计理论和方法设计出原理新颖、结构独特、性能优良、工作高效的新机器的过程。创新设计可以贯穿产品设计的各个阶段,表现最集中、最突出的阶段是产品的概念设计阶段。而方案设计是概念设计的后期阶段。运动方案的创新需要"异想天开",但仅靠"异想天开"是不够的,它需要设计者有较丰富的机械设计理论知识和实践经验,并需要设计者善于从多方面、多角度冲破习惯性思维的束缚,迸发并捕捉创造性灵感。灵感并非天赐,它是长期从事创造活动的经验的升华。

机械创新设计(mechanical creative design, MCD)是指充分发挥设计者的创造力,利用人类已有的新技术手段、新技术原理和非常规的方法,进行创新构思,设计出具有新颖性、创造性及实用性的机构或机械产品(装置)的一种实践活动。它与传统设计在理念、内容、方法上均存在较大差异。

机械创新设计包含两个部分:一是改进完善生产或生活中现有机械产品的技术性能、可靠性、经济性、适用性等;二是创造设计出新机器、新产品,以满足新的生产或生活的需要。

## 2.3.2 创新设计常用方法

作为一名合格的机械设计人员,掌握一定的创新设计方法很有必要。目前在自然科学和社会科学等领域中可用的创新方法有 300 多种,鉴于篇幅有限,下面列举一些对机械产品设计有参考意义的常用创新理念与方法。

**1. 头脑风暴法**

头脑风暴法简称 BS 法,即采用会议讲座的形式,使各设计成员在良好的创造气氛中对某个方案展开咨询或讨论,并分别发表各自的意见来进行集体创造。参与者不分职务高低,相互间平等地、无拘无束地发表见解,同时不受任何条条框框的约束,人们可从他人的发言中得到启示,进而产生联想,并提出新的意见或补充意见,直至新方案产生。

**2. 发散思维法**

针对所给信息而产生的问题,求得该问题尽量多的各式各样的可能解,这种思维过程称为发散思维。例如"试列举砖头的各种用途",答案有很多种:可用来造房、筑墙、修阶梯、修公路、压东西、垫住停在坡上的汽车、当锤子等。

这类回答就具有思维的发散性。因为它可以任意地联想下去。分析上述答案可以看出,前四类答案属于建筑类,对砖的用途来说是习惯性的;后几种则是非习惯性的。对创造性思维而言,运用发散思维,作出非习惯性联想,从而引发新思路是非常重要的。美国心理学家吉尔福特非常强调在发明创造中重视发散思维。发散思维主要用在寻求某一问题的各种不同答案的过程中。然而当许多不同的可能性答案提出后,又会出现优选问题,这时又要过渡到收敛思维。因此,发散思维和收敛思维在实际中是相辅相成的。

**3. 系统分析法**

任何产品都不可能一开始就是完美的,人们对产品的未来期望也不可能在原创产品问世时就一并实现,而大量的创新设计是进行的完善产品的工作,因此从系统论的角度对原有产品进行分析是最为有用的创新技法。系统分析法主要有以下三种。

(1)设问探求法。

设问探求法就是针对创造目标从各个方面提出一系列有关的问题,设计者针对提问进行分析和思考,通过思维的发散和收敛逐一找出问题的理想答案。设问探求法是由很多创造原理构成的,在创造学中被称为"创造技法之母"。设问探求法种类不少,最具有代表性的是美国创造学家奥斯本的检核表法。检核表法是从以下几个方面设问并进行检核的:

①有无其他用途?现有的发明成果有无更多的用途?或稍加改进后有无新的用途?

②能否借用?有无类似的东西可以借用、模仿?

③能否改变,如形状、形式、方法、颜色、声音或味道等?

④能否扩大,如扩大使用范围、增加功能、延长寿命、添加部件、提高强度、加倍、加长、加高、加大等?

⑤能否缩小?能否省略一部分?能否微型化?能否浓缩?能否分割?能否再小点、再轻点、再短点、再低点、再薄点?

⑥能否代用,如采用其他工艺、其他元件、其他动力、其他配方、其他材料等?

⑦能否改变,如改变元件或型号、改变顺序或结构、改变配方或方案、调整速度、调整程序等?

⑧能否颠倒，如上下颠倒、正负颠倒、里外颠倒、工艺方法颠倒等？

⑨能否组合，如方案组合、目标组合、部件组合、材料组合等？

设问探求法是一种强制性思考，有利于突破不愿提问的心理障碍。设问探求法是一个多角度发散性的思考过程，也是一个广思、深思与精思的过程。

（2）缺点列举法。

任何事物总是有缺点的，而人们总是期望事物能至善至美。这种客观存在的现实与主观愿望之间的矛盾，是推动人们进行创造的一种动力，也是运用缺点列举法创新的客观基础。

如果要列举现有产品的缺点，最好将产品投放市场试销，让用户提意见，这样获得的缺点对于改进企业产品或提出新产品概念最有参考价值。例如将普通单缸洗衣机投放市场试销并收集用户意见后，便可列举出此类型洗衣型机的许多缺点：

①功能单一，缺少甩干功能。

②使用不便，需要人工进水、排水。

③洗净度不高，尤其是衣领、袖口等处不易洗净。

④混洗不同颜色的衣物容易造成互染。

⑤排水速度太慢，肥皂泡沫更难速排。

⑥衣物易绞结，不易快速漂洗。

在明确需要克服的缺点后，就要有的放矢地进行创造性思考，并通过改进设计去获得新的技术方案。因此，缺点列举法的运用还应建立在改进设计的能力基础上。

（3）希望点列举法。

希望就是人们心里期待达到的某种目的或出现的某种情况，是人类需要的心理反映。设计者从社会需要或个人愿望出发，通过希望点的列举来形成创造目标或课题，这在创新技法上叫作希望点列举法。

希望点列举法在形式上与缺点列举法类似，都是将思维收敛于某"点"后又发散思考，最后又聚焦于某种创意。但是，希望点列举法的思维基点比缺点列举法更宽，设计的目标更广。虽然二者都依靠联想法推动列举活动，但希望点列举法更侧重自由联想。此外，相对来说，这种技法也是一种主动创造方式。

**4. 联想法**

发明创造离不开联想思维。联想是由现实生活中的某些人或事物的触发而想到与之相关的人或事物的心理活动或思维方式。联想思维由此及彼、由表及里，形象生动、奥妙无穷，是科技创造活动中最常见的一种思维活动。联想是对输入头脑的各种信息进行加工、转换、连接后输出的思维活动。联想并不是不着边际的胡思乱想。足够的知识与经验积累是联想思维纵横驰骋的保证。

（1）相似联想。

相似联想是由某一思维对象想到与它具有某些相似特征的另一思维对象的联想思维。这种相似，既可能是形态上的，也可能是空间、时间、功能等意义上的。尤其是把一些表面差别很大但意义上相似的事物联系起来，更有助于将创新思路从某一领域引导到另一领域。

由"同弧所对圆周角等于圆心角的一半"这一数学定理，人们创造出倍角机构，如图 2-4 所示。此机构的原理为，当输入杆 1 转过 $\beta$ 角时，输入杆 2 便有 $2\beta$ 角的运动输出。但需满足一定的几何条件，即 $A$ 点轨迹应位于以点为圆心、$OC$ 为半径所确定的圆周上。该机构实际上是一种典型的摆动导杆机构，具有构造简单、制造容易、价格低廉等特点，可广泛应用于仪器仪表工业。这个机构所运用的定理可以说是人们共知的，但能否将其灵活应用于机构运动学，并发明出这样的倍角机构，就需要人的创造性联想了。

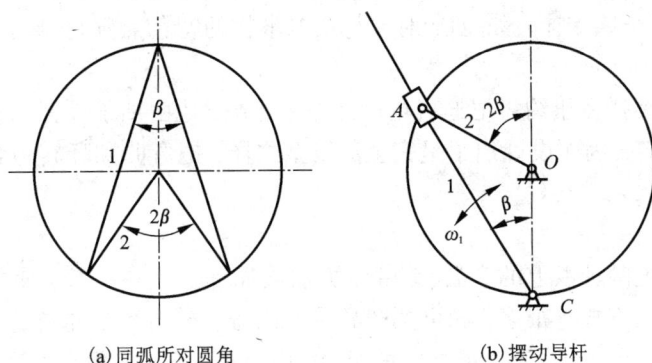

(a)同弧所对圆角　　　　(b)摆动导杆

图 2-4　倍角机构

(2)对比联想。

客观事物之间广泛存在着对比关系，诸如冷与热、白与黑、多与少、高与低、长与短、上与下、宽与窄、凹与凸、软与硬、干与湿、远与近、动与静等。对比联想就是由事物完全对立或存在的某些差异而引起的联想。

由于是从对立的、颠倒的角度去思考问题，因而结果具有背逆性和批判性，常会产生转变思路、出奇制胜的良好效果。

例如，在曲柄摇杆机构中，即使曲柄匀速转动，摇杆摆动的角度也并不均匀，而实际工程中又希望摇杆能获得近似均匀的角速度。曲柄摇杆机构是将主动件曲柄的匀速转动变成从动件的变速运动，那么反过来，让变速运动的摇杆做主动件，就可使曲柄作匀速运动，若不做整周转动，即可得匀速摆动。如图 2-5(a)所示为输出件近似匀速摆动的连杆机构。该连杆机构由两个曲柄摇杆机构对称串联而成，前一机构中变速摆动的摇杆 3 正是后一机构中的主动件。该机构中，输出构件 1′能获得 120°~150°摆角的近似匀速的摆动运动，其角速度与时间关系曲线如图 2-5(b)所示。

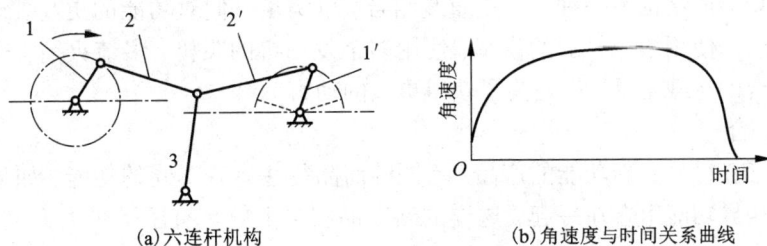

(a)六连杆机构　　　　(b)角速度与时间关系曲线

图 2-5　从一个转动曲柄得到近似匀速角速度的摆动机构

（3）强制联想。

强制联想是综合运用联想方法而形成的一种非逻辑性创造技法，是在完全无关或亲缘相当远的多个事物及见解之间，牵强附会地找出其联系的方法。

强制联想有利于克服思维定式，特别是有利于发散思维。罗列众多事物，再通过收敛思维分析这些事物的属性、结构，将创造对象与众多事物的特色点强行结合，能够产生众多奇妙的联想。

建筑师萨里受委托在纽约肯尼迪机场设计一座建筑，他由柚子漂亮的表皮联想到了与之风马牛不相及的建筑，因而设计出了呈完全流线型式样、把弯曲和环转包含在内的世界一流建筑。

**5. 组合创新法**

组合创新法即把两种以上的产品、功能、方法或原理揉合在一起，使之成为一种新产品的创造方法。组合的方式有很多，如可按产品总类来分，有同类或异类的产品组合，以及主体附加其他等；按功能来分，有功能之间的组合、引申和渗透；按组合的数量来分，有两种功能或多种功能的组合。在机械设计中必须突出创新的原则，通过直觉、推理、组合等途径，探求创新的原理方案和结构，做到有所发明、有所创造、有所前进。

组合创新法在工程中的应用极其广泛。虽然组合创新法应用的是已有的成熟技术，但这并不意味着其创造的是落后或低级的产品，实际上，适当的组合不但可以产生新的功能，甚至可以是重大发明。航天飞船飞离地球，将"机遇号"和"勇气号"火星探测器送上火星，这是人类伟大的发明创造；火星之旅运用的成熟技术数不胜数，如果缺少其中的某项成熟技术，登陆火星和成功探测无疑都将以失败告终。组合创新法实际上是加法创造原理的应用。根据组合的性质，它可以分为以下几种。

（1）功能组合。

人们生产商品是为了应用。一些商品的功能已被人们普遍接受，通过组合，可以使产品同时具有人们所需要的多种功能，以满足人类不断增长的消费需求。取暖的热空调器与制冷的冷空调器原来都是单独的。科技人员设法将这两种功能组合起来，发明了可以方便转换的两用空调，提高了人类的生活质量。手表原来只有计时功能，别出心裁的设计者将指南针与温度计的功能组合在手表上，使人们可以随时监察自己的体温和判别方位，满足了一些消费者的特殊需要。功能组合在国防科技发明领域也有巨大的潜能。

（2）同类组合。

将同一种功能或结构在一种产品上重复组合，以满足人们对功能的更高要求，这是一种常用的创新方法。使用多个气缸的汽车、使用多个发动机的飞机、多节火箭，这些采用同类功能或结构组合的运载工具，都是为了获得更大的动力。

（3）异类组合。

创新是为了获得具有新功能的产品，不同的商品往往有着不同的功能，如果能将这些属于不同商品的相异功能组合在一起，这样的新产品实际上就具有了满足人们需求的新功能，这就是异类组合。

有些商品有相同的成分，将这些商品加以组合，使其共用这些相同的成分，可以使总体结构更简单，价格更便宜，使用也更方便。如将车床、钻床、铣床组合而成的多功能机床可以分别完成其他几类机床的机械加工工作。

（4）技术组合和信息组合。

此外，技术组合和信息组合等也是常用的组合创新法。技术组合是将现有的不同技术、工艺、设备等加以组合而形成的发明方法。信息组合则是将有待组合的信息元素制成图表，图表上的交叉点即为可供选择的组合方案。前者特别适用于大型项目创新设计和关键技术的应用推广；后者操作简便，是信息社会中能有效提高效率的创新技法。

**6. 类比法**

比较分析多个事物之间的某些相通或者相似之处，从而提出新设想的方法，称为类比法。"他山之石，可以攻玉"就是这种方法的真实写照。

类比法以比较为基础，将陌生与熟悉、未知与已知相对比，这样，由此物及彼物，由此类及彼类，可以启发思路，提供线索，触类旁通。

类比法的关键是本质的类似，并且不但要分析本质的类似，还要认识到它们之间的差别，避免生搬硬套、牵强附会。

类比法需借助原有知识，但又不能受之束缚，应善于异中求同、同中求异。

创造性的类比思维并不是基于严密的推理，而是源于自然的想像和超常的构思。类比对象间的差异愈大，其创造设想才愈富新颖性。按照比较对象的情况，类比法可分为以下四类。

（1）直接类比。

将创造对象直接与相类似的事物或现象作比较，称为直接类比。直接类比的特点是简单、快速，可以避免盲目思维。类比对象的本质特征愈接近，成功创新的可能性就愈高。例如，由天文望远镜制成了航海望远镜、军事望远镜、戏剧望远镜以及儿童望远镜，不论它们的外形以及功能有何不同，其原理、结构都是完全一样的。

（2）拟人类比。

拟人类比是将人设想为创造对象的某个因素，设身处地地想象，从而得到有益的启示。

拟人类比将自身思维与创造对象融为一体，在人与人的关系中，设身处地地考虑问题；以物为创造对象时，则投入感情因素，将创造对象拟人化，把非生命对象生命化，体验问题，产生共鸣，从而悟出某些无法感知的因素。

例如，为改善人际关系，可采用拟人类比法，设身处地地体会对方的心理活动，从而提出解决问题的有效方案。

比利时布鲁塞尔的某公园，为保持洁净、优美的园内环境，采用拟人类比法对垃圾桶进行改进设计，当把废弃物"喂"入垃圾桶时，让它道声"谢谢"，由此游人兴趣盎然，专门捡起垃圾放入桶内。

拟人类比创新思维被广泛应用于自动控制系统开发中，如适应现代建筑物业管理的楼宇自动控制系统、机器人、计算机软件系统的开发等都利用了拟人类比进行创新设计。

（3）因果类比。

两事物之间有某些共同属性，根据一事物的因果关系推出另一事物的因果关系的思维方法，称为因果类比。因果类比需要联想，要善于寻找过去已确定的因果关系，善于发现事物的本质。

（4）象征类比。

象征类比是借助事物形象和象征符号来比喻某种抽象的概念和思维感情的方法。象征类比是直觉感知，并使问题的关键显现、简化。文学作品、建筑设计中经常运用这种创造技法。

**7. 仿生法**

从自然界获得创造灵感，甚至直接仿照生物原型进行创造发明，这就是仿生法。仿生法具有启发、诱导、拓展创造思路的显著功效。仿生法不是简单地模仿自然现象，而是将模仿与现代科技有机结合，设计出具有新功能的仿生系统，这种仿生创造性思维的产物是对自然的超越。例如，不少国家积极开展对人的手指、手腕和手臂的结构、动作、运动范围的分析研究，研制出各种多自由度的生物电控或声控的机械手，用来从事危险环境的作业；同时在深入研究人体步态和大小腿的结构、动作原理和可动范围之后，研制出各种类型的两足步行机器人；人们为了通过松软地面和跨越较大障碍，还努力研究四足行走生物、六足行走生物的机理，发展步行机构学；为了提高沙漠行走的效率，研究骆驼足底的构造和行走机理；另外，通过研制蛇行机构来探测煤气管道的故障；通过研制鱼游机构来解决深水中的探测问题。随着人们对各种各样仿生机构的深入研究，将会创造出各种新颖的、具有特殊功能的新机构。

以上介绍的都是一些常用的创新设计方法。机械原理课程设计是机械类课程中最适合培养学生创新能力的一门课程。课程设计的宗旨在于培养学生综合运用机械原理课程所学理论知识、技能的能力和解决实际问题的能力，使学生获得工程技术训练必不可少的实践性教学环节。希望同学能够将这些创新方法和理论用于实践。

## 2.3.3 机构运动方案创新举例

机构运动方案的创新最终要靠执行机构来实现，能否开发和创造各种设计巧妙的机构，很大程度上决定了创新的成败。以下简要介绍一些与传动方案创新有关的实例，其中包括部分构思精巧且简单适用的机构，希望它们能对设计者进行机构运动方案的创新提供一些有益的帮助。

**1. 使用简单机构进行扩展**

清华大学第十七届挑战杯竞赛作品"爬杆机器人"如图2-6(a)所示，吸引了众多眼球，它就是将常用的曲柄滑块机构运用在设计中。

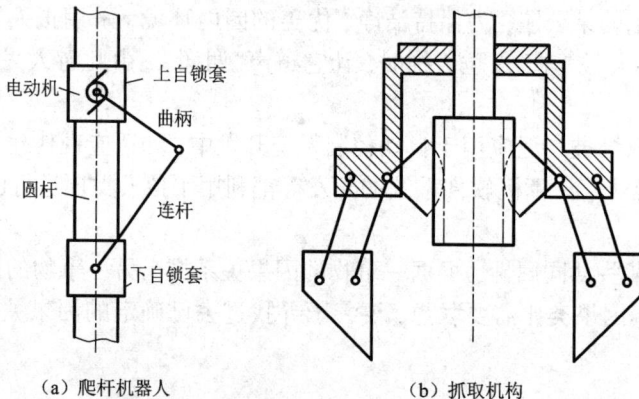

（a）爬杆机器人          （b）抓取机构

图2-6 简单机构

20

　　如图 2-6(b)所示的抓取机构则是采用了简单的平行四边形机构,利用其连杆平动的特点实现抓取动作。

### 2. 采用固定的曲面构件

　　用连续卷纸生产包装纸袋、填充被包装物和切断,可以用来模拟人手工折制、切断和装填的过程,而采用曲面固定构件则十分巧妙。如图 2-7(a)所示,采用成形固定构件的象鼻成形器,用于实现纸袋卷制成形这一复杂的工艺动作,然后连续进行物料填充及后续的切断,轻易实现了纸袋卷制成形的复杂动作,使制袋、填料、包装一气呵成。如图 2-7(b)所示,使用固定的凸轮为机架,能使 BC 构件方便地实现复杂的运动规律。

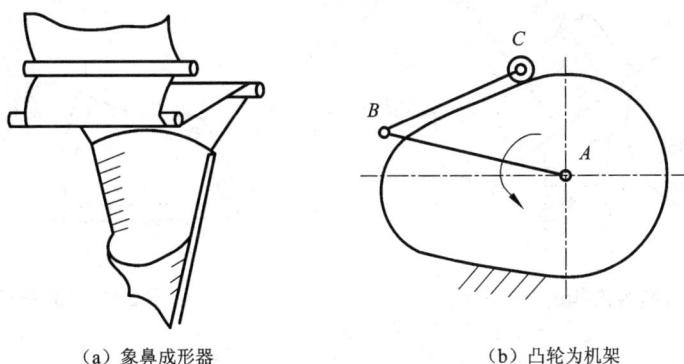

(a) 象鼻成形器　　　　　　　(b) 凸轮为机架

图 2-7　固定曲面构件

### 3. 借助连杆曲线实现间歇运动

　　利用连杆机构产生的带有圆弧或直线段的连杆曲线,同样可以实现间歇运动(图 2-8)。

### 4. 改变构件的形状

　　在直线导杆的基础上设置一段圆弧槽(半径与曲柄等长)。通过改变导杆形状得到的导杆机构可以在极限位置具有较长时间的停歇(图 2-9)。

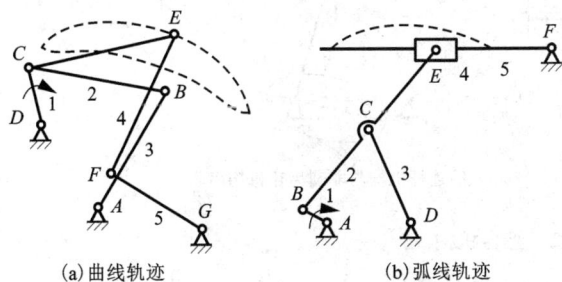

(a)曲线轨迹　　　　　　(b)弧线轨迹

图 2-8　利用连杆曲线实现间歇运动

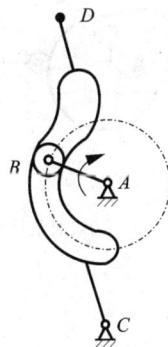

图 2-9　改变构件形状实现间歇运动

## 5. 改变构件的结构

如图 2-10 所示的凸轮机构将摆杆设计成两段,用弹簧约束,靠限位装置挡块来决定运动构件,在推杆未接触到挡块之前,构件 2 和 3 如同一个构件,其运动与普通的凸轮机构相同,一旦遇到挡块,则构件 2 单独运动。如图 2-11 所示,则为单纯使用弹性元件构成柔性关节,取代一般刚性运动副创造出的柔顺机构,机构无须装配,具有体积小,重量轻,不需要润滑,制造、维护费用低等特点。

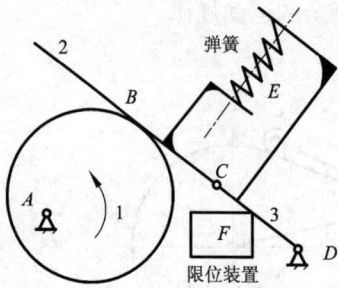

图 2-10  改变构件结构的凸轮机构

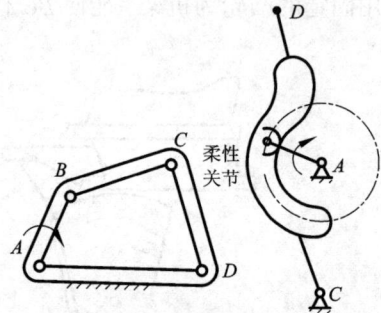

图 2-11  柔顺机构

## 6. 组合机构

如图 2-12(a)所示的连杆机构与凸轮机构的并联组合,使原来只能实现有限轨迹点的连杆机构扩展为在理论上能精确实现任意轨迹的组合机构。如图 2-12(b)所示的连杆机构与非圆齿轮机构的串联组合,使正弦机构的构件 4 在推程近似匀速,而且行程速比系数 $K$ 可大大提升。

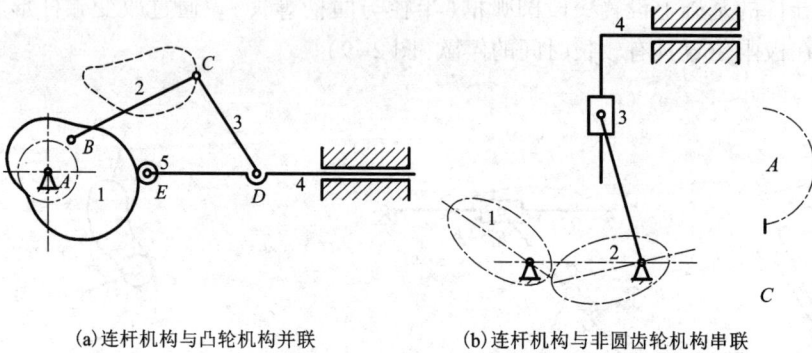

(a)连杆机构与凸轮机构并联

(b)连杆机构与非圆齿轮机构串联

图 2-12  组合机构

## 2.4  运动方案的对比和评价

如前所述，对于同一种运动规律，可用不同的机构型式来实现；对于同一种功能，可选用不同的工作原理和机构来满足要求，而同一种工作原理，还可选用、创造不同的机构及其组合来实现。因此，对于要求实现某种功能的机械，可能的运动方案就有很多种，只有通过科学的评价、决策才能找到并优选出最佳的方案。

选择并确定某个机构系统运动方案，必然涉及运动方案评价准则、评价指标以及评价体系。机械运动方案的评价有其自身的特点和评价体系。本课程由于涉及内容有限，无法对机构系统运动方案做出定量的、全面的评价。但设计者在此阶段可从机构系统组成的合理性、经济性和可靠性等方面进行初步的、定性的分析和比较，使选择并确定的方案具有较为充分的理由。

课程设计的目的在于完成评选方案的初步训练，所以，对这些方案的评价指标可根据机构选择的一般要求，偏重于从机构功能、功能质量和经济适用性三方面列出相关项目，展开分析比较。具体性能指标参见表 2-4，可从中进行筛选。

表 2-4  机械运动方案的常用评价指标

| 性能指标 | 具体内容 |
|---|---|
| 功能质量 | 1)运动规律的型式；2)实现运动规律或运动轨迹及实现工艺动作的准确性 |
| 工作性能 | 1)运动参数；2)行程可调性；3)运转速度；4)传力性能；5)运动精度；6)可操作性能；7)可靠性和安全性 |
| 动力性能 | 1)加速度峰值；2)噪声；3)耐磨性；4)可靠性；5)增力特性；6)传力特性 |
| 经济性 | 1)制造装配的难易；2)误差敏感度；3)调整方便性；4)摩擦磨损；5)效率，振动、冲击、噪声等 |
| 结构紧凑性 | 1)尺寸；2)重量；3)结构复杂性 |

在机械运动方案设计中，必须从整体出发，分清主次，全面权衡选择某方案的利弊得失。此外，对于所选机构优缺点的分析往往具有相对性，要避免孤立的、片面的评价。值得一提的是，对于不同设计对象和设计要求，应按不同需要对上述内容加以合理取舍。通过分析，选择主要因素作为实际评价目标，最好不超过 8 项，如果项目过多，反而容易掩盖主要影响因素。

# 第3章
# 机械执行系统的运动规律设计

## 3.1 各执行机构间的运动协调设计

### 3.1.1 运动协调设计的原则

当根据生产工艺要求确定了机械的工作原理和各执行机构的运动规律、型式及驱动方式后，还必须将各执行机构统一于一个整体中，形成一个完整的执行系统，使这些机构以一定的次序协调工作，互相配合，以完成机械预定的功能和生产过程，这方面的工作称为执行系统运动协调设计。执行系统运动协调设计一般应满足如下要求：

(1)满足各执行机构动作先后的顺序性要求。

执行系统中各执行机构的动作过程和先后顺序，必须符合工艺过程中所提出的要求，以确保系统中各执行机构最终完成的动作及物质、能量、信息传递的总体效果能满足设计要求。

(2)满足各执行机构动作在时间上的同步性要求。

为了保证各执行机构不仅动作能够以一定的先后顺序进行，而且整个系统能够周而复始地循环协调工作，必须使各执行机构的运动循环时间间隔相同，或按工艺要求成一定的倍数关系。

(3)满足各执行机构在空间布置上的协调性要求。

各执行机构的空间位置应协调一致，对于有位置制约的执行系统，必须进行各执行机构在空间位置上的协调设计，以保证在运动过程中各执行机构间及机构与环境间不发生干涉。

(4)满足各执行机构操作上的单一性或协同性要求。

当两个或两个以上的执行机构同时作用于同一对象完成同一执行动作时，各执行机构之间的运动必须协调一致。各执行构件的动作之间应保持时间上的间隔，以避免动作衔接处发生运动干涉。

(5)执行机构的动作安排要有利于提高劳动生产率。

为了提高生产率，应尽量缩短执行系统的工作循环周期。这通常有两种办法：一是尽量缩短各执行机构工作行程和空回行程的时间；二是在前一个执行机构回程结束之前，后一个就开始工作行程，即在不产生运动干涉的前提下，充分利用两个执行机构的空间裕量。

(6)各执行机构的布置应有利于系统的能量协调和效率的提高。

当系统中包含多个低速大功率执行机构时，宜采用多个运动链并行的连接方式；当系统中有几个功率不大，但效率均很高的执行机构时，一般采用串联方式比较适宜。

### 3.1.2　运动协调设计的注意事项

执行机构布局时应注意：

(1)执行构件的布置要特别考虑到控制此执行构件运动的执行机构的安装是否方便。

(2)执行机构的布置与执行构件的连接是否方便。

(3)执行机构原动件布置的位置是否恰当，尽可能接近执行构件。

(4)使各执行机构原动件尽可能集中布置在一根轴或少数几根轴上。

(5)各原动件应保持等速或定速比。

### 3.1.3　各执行机构间运动协调设计的分析计算

执行机构运动协调设计的分析计算内容包括以下几个方面：

(1)各执行机构运动循环时间同步化计算。

(2)确定机械最大工作循环周期 $T_{max}$。

(3)确定机械最小工作循环周期 $T_{min}$。

(4)确定合理的机构系统的工作循环周期 $T$。

(5)确定各机构分配轴的转速和工作行程的起始角。

(6)各执行机构运动循环空间同步化计算。

(7)合理确定各执行机构的运动错位角，避免空间上的干涉。

## 3.2　机械运动循环图设计

### 3.2.1　运动循环图及其功能

用来描述各执行构件运动间相互协调配合的图形称为机械的运动循环图。其作用是保证各执行构件的动作相互协调、紧密配合，使机械顺利完成预期的工艺动作，为进一步设计各执行机构的运动尺寸提供了重要依据，同时也为机械系统的安装调试提供了相应的依据。

### 3.2.2　运动循环图的几种常用形式

由于机械在主轴或分配轴转动一周或若干周内完成一个运动循环，故运动循环图常以主轴或分配轴的转角为坐标来编制。通常选取机械中某一主要的执行构件为参考件，取其有代表性的特征位置作为起始位置(通常以生产工艺的起始点作为运动循环的起始点)，由此来确定其他执行构件的运动相对于该主要执行构件运动的先后次序和配合关系。表 3-1 介绍了各种运动循环图的绘制方法和特点。

表 3-1  运动循环图的形式及其特点

| 型式 | 绘制方法 | 特点 |
|---|---|---|
| 直线式 | 将机械在一个运动循环中各执行构件各行程区段的起止时间和先后顺序,按比例绘制在直线坐标轴上 | 绘制方法简单,能清楚表示一个运动循环中各执行构件运动的顺序和时间关系;直观性差,不能显示各执行构件的运动规律 |
| 直角坐标式 | 用横坐标表示机械主轴或分配轴转角,纵坐标表示各执行构件的角位移或线位移,各区段之间用直线相连 | 不仅能清楚地表示各执行构件动作的先后顺序,而且能表示各执行构件在各区段的运动规律 |
| 圆周式 | 以极坐标系原点为圆心作若干同心圆,每个圆环代表一个执行构件,由各相应圆环引径向直线表示各执行构件不同运动状态的起始和终止位置 | 能比较直观地看出各执行机构主动件在主轴或分配轴上的相位;当执行机构多时,同心圆环太多,不能一目了然,无法显示各构件的运动规律 |

## 3.3  机械运动循环图设计绘制举例

拟定某自动灌装机的四个执行机构及其基本运动如下:

(1)送料机构的连续运动。

(2)槽轮机构的间歇转动。

(3)灌装机构的间歇往复运动。

(4)贴锡、加盖机构的间歇往复运动。

现选取该灌装机中的旋转轴作为参考件,并取其旋转一周的特征位置作为起始位置,绘制出的冷霜自动灌装机三种运动循环图。

(1)直线式(图 3-1)。

| 执行机构1 | 送料机构 | 连续运动 | | | |
|---|---|---|---|---|---|
| 执行机构2 | 槽轮机构 | 转动 | 停歇 | | |
| 执行机构3 | 灌装机构 | 停 | 上升 | 停 | 下降 |
| 执行机构4 | 贴锡、加盖机构 | 停 | 下降 | 停 | 上升 |

送料机构旋转轴转角 φ    0°        120°        210°    270°    360°

图 3-1  直线式运动循环图

（2）直角坐标式（图 3-2）。

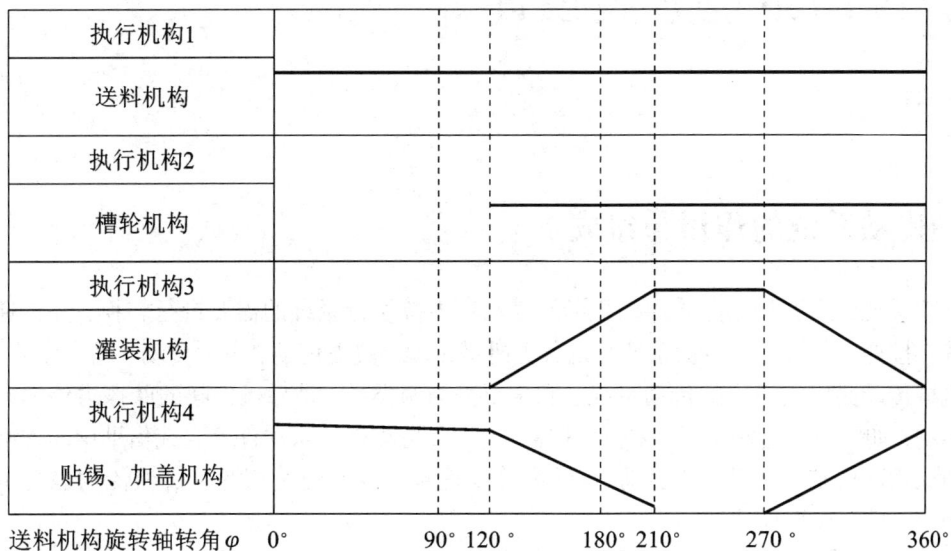

**图 3-2 直角坐标式运动循环图**

（3）圆周式（图 3-3）。

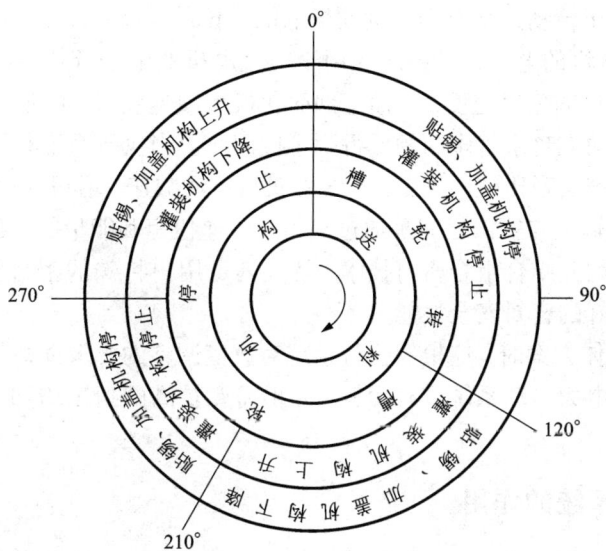

**图 3-3 圆周式运动循环图**

# 第4章
# 机械传动系统方案设计

## 4.1 传动系统的作用与组成

传动系统的主要作用是将原动机的运动和动力按执行系统的需要进行转换，并传递给执行系统。按照工作原理，传动系统可以分为机械传动、液力传动、电力传动、磁力传动四类。

机械传动是应用最广的传动系统。它主要分为两类：一是靠机件间的摩擦力传递动力的摩擦传动，如汽车变速箱中的 CVT 变速器；二是靠主动件与从动件啮合或借助中间件啮合传递动力或运动的啮合传动，如手动/自动齿轮变速箱、机床变速箱等。机械传动也是本书的主要内容，将在后面详述。

液力传动是一种流体传动，它以液体为工作介质，利用液体动能来传递能量。液力传动装置可分为液力耦合器和液力变扭(矩)器，生活中的自动挡汽车的液力变扭(矩)器传动可用来实现输出速度的自动调节。

电力传动是由电动机与控制系统共同组成的，它通过电子技术调整原动机的运动学参数，实现对机械的自动控制(如起动、制动、调速的自动控制)，使其按需要的速度、转矩或功率输出。常用的电子传动系统有用于发动机的电子传动系统(如汽车发动机的电子传动系统)，还有用于直流电机的电子传动系统和用于交流电机的电子调速系统。电力传动可以通过电子技术调节电动机的输出速度，从而达到简化机械减速装置、降低机械系统的复杂程度的效果，因此电力传动在越来越多的领域得到了应用。但当执行系统有较大扭矩和输出硬特性的要求时，电力传动实现比较困难，而传统的机械传动减速、增扭的优势就比较明显。

磁力传动的动力输入与输出之间是通过磁力来传递扭矩和能量的。磁力传动在空间上可以分离输入和输出，因此结合组合密封技术，就能满足用户特殊的密封要求，例如磁力传动的搅拌机，就具有很好的密封安全性能。

设计机械传动总体方案时，应根据执行系统对速度调整的要求选择传动系统。如果需要速度有多种调整，则电力传动系统具有优势；如果需要较高的扭矩增加，则机械传动将会是更好的选择。

### 4.1.1 机械传动系统的作用

机械传动是发展最早并且应用最普遍的一种传动形式。它具有传动准确可靠、操作简单、机构直观易掌握、负荷变化对传动比影响小以及受环境影响小等优点。其主要功能如下。

(1)减速或增速。

原动机的速度与执行系统的要求往往不一致，通过传动系统的减速或增速，可达到满足工作要求的目的。传动系统中实现减速或增速的装置一般称为减速器或增速器。

（2）变速。

许多执行系统在工作时需要不同的转速，当不宜对原动机进行调速时，机械传动系统能实现变速和输出多种转速。机械变速器有两种：一种是仅可获得有限输入与输出的速度关系，称为有级变速；另一种是输入与输出速度关系可在一定范围内逐步变化，称为无级变速。

（3）增大转矩。

当原动机输出的转矩较小从而不能满足执行系统的工作要求时，可通过传动系统来达到增大转矩的目的。

（4）改变运动形式。

在原动机与执行系统之间实现运动形式的变换。原动机的输出运动多为旋转运动，传动系统可将旋转运动改为执行系统要求的移动、摆动或间歇运动等形式。

（5）分配运动和动力。

机械传动系统可以把一台原动机的运动和动力分配给执行系统的不同部分，同时驱动几个工作机构进行工作，即实现分路传动。

（6）可实现较远距离的运动和动力传递，如链传动、带传动等。

（7）实现某些操纵和控制功能。

传动系统可以操纵和控制某些机构，让机构启动、停止、接合、分离、制动和换向等。

## 4.1.2　机械传动的分类与特点

将机械传动按照工作原理、传动比变化情况，以及传动输出速度变化情况来分类，并列于表 4-1~表 4-3。

表 4-1　按工作原理进行分类

| 传动类型 | | 说明 |
| --- | --- | --- |
| 摩擦传动 | 摩擦轮传动（直接接触） | 圆柱形、锥形、圆锥形、圆柱圆盘形 |
| | 挠性摩擦传动（靠中间挠性件） | 带传动：V 带（普通带、窄形带、大楔角带、特殊用途带），平型带、多楔带，圆形带绳或钢丝绳传动 |
| | 摩擦式无级变速传动 | 定轴的（无中间体的、有中间体的）动轴的（有挠性元件的） |
| 机械传动 | 齿轮传动 圆柱齿轮传动 | 啮合形式：内、外啮合，齿条齿形曲线：渐开线，单、双圆弧，摆线齿向曲线：直齿，螺旋(斜)齿，曲线齿 |
| | 圆锥齿轮传动 | 合形式：外、内啮合，平顶和伞面齿轮齿形曲线：渐开线，单、双圆弧齿向曲线：直齿，斜齿，弧线齿或曲线齿 |
| | 行星轮系 | 渐开线齿轮行星传动（单自由度、多自由度）摆线针轮行星传动谐波传动（三角形齿、渐开线齿） |
| | 非圆齿轮传动 | 可以实现主从动轴间传动比按周期性变化的函数关系 |

| 传动类型 | | | 说明 |
|---|---|---|---|
| 机械传动 | 蜗杆传动 | 圆柱蜗杆传动 | 按形成原理：<br>直纹面(普通)圆柱螺杆传动(阿基米德、渐开线、延伸渐开线)<br>曲纹面圆柱蜗杆传动(轴面、法面圆弧齿，锥面，环面包络的圆柱蜗杆) |
| | | 环面蜗杆传动 | 二次包络蜗轩传动(直纹齿，曲纹齿)<br>一次包络蜗轩传动(平面齿蜗轮，曲纹齿) |
| | | 锥蜗杆 | |
| | 挠性啮合传动靠中间挠性构件 | | 链传动：套筒滚子链，套筒链，弯板链，齿形链<br>带传动：同步盘形带 |
| | 螺旋传动 | | 摩擦形式：滑动，滚动，静压<br>头数：单头，多头 |
| | 连杆机构 | | 曲柄摇杆机构(包括脉动无级变速器)，双曲柄机构，曲柄滑块机构，曲柄导杆机构，液压缸驱动的连杆机构 |
| | 凸轮机构 | | 直动和摆动从动杆，反凸轮机构，凸轮式无级变速器 |
| | 组合机构 | | 齿轮连杆，齿轮凸轮，凸轮连轩，液压连杆机构 |

表 4-2  按传动比变化情况分类

| 传动分类 | | 说明 | 传动举例 |
|---|---|---|---|
| 定传动比传动 | | 输入与输出转速对应，适用于工作机工况固定或其工况与原动机工况对应变化的场合 | 带、链、摩擦轮传动，齿轮、蜗杆传动 |
| 变传动比传动 | 有级变速 | 一个输入转速对应于若干个输出转速，且按某种数列排列，适用于原动机工况固定面工作机有若干种工况的场合，或用来扩大原动机的调速范围 | 齿轮变速箱—塔轮传动 |
| | 无级变速 | 一个输入转速对应于某一范围内无限多个输出转速，适用于工作机工况很多或最佳工况不明确的情况 | 各种机械无级变速器、液力耦合器与变矩器，液体黏性传动、电磁滑差离合 |
| | 按周期性规律变化 | 输出角速度是输入角速度的周期函数，用来实现函数传动及改善某些机构的动力特性 | 非圆齿轮，凸轮，连杆机构、组合机构 |

**表 4-3　按传动输出速度变化情况分类**

| 传动输出速度 | | 原动机输出速度 | 传动举例 |
|---|---|---|---|
| 恒定 | | 恒定 | 齿轮、蜗杆、带、链、摩擦轮，螺旋。不调速的电力、液压及气压传动 |
| 可调 | 有级调速 | 恒定 | 塔轮传动、齿轮变速箱、三轴滑移公用齿轮变速器 |
| | | 可调 | 电力、液压传动中的有级调速传动 |
| | 无级调速 | 恒定 | 机械无级变速器，液力耦合器及变矩器、电磁滑差离合器，磁粉离合器，流体黏性传动 |
| | | 可调 | 内燃机调速，电力、液压及气压无级调速传动，变传动比传动 |
| | 按某种周期料规律变化 | 恒定 | 非圆齿轮、凸轮、连杆机构，组合机构 |
| | | 可调 | 数控的电力传动 |

## 4.2　原动机的类型与选择

### 4.2.1　原动机的类型

常用原动机的类型与特点见表 4-4。

**表 4-4　常用原动机类型与特点**

| 类型 | 功率 | 驱动效率 | 调速性能 | 结果尺寸 | 对环境的影响 | 其他 |
|---|---|---|---|---|---|---|
| 电动机 | 较大 | 高 | 好 | 较大 | 小 | 与被驱动的工作机械连接简便，并且其种类和型号较多，具有各种运行特性，可以满足不同类型机械的工作要求。但使用电动机必须具备相应的电源，野外工作的机械和移动式机械常因缺乏所需电源而不能选用 |
| 液压马达 | 大 | 较高 | 好 | 小 | 较大 | 必须具有高压油的供给系统，应使液压系统元件有必要地制造和装配精度，否则容易燃油，这不仅影响工作效率，而且还影响工作机械的运动精度和环境 |
| 气压马达 | 小 | 较低 | 好 | 较小 | 小 | 用空气作为工作介质，容易获得，气动马达动作迅速、反应快。维护方便简单、成本比轻低，对于易燃、易爆、多尘和振动等恶劣工作环境有较好的适应性。但因空气具有可压缩性，所以气动马达的工作稳定性差，气动系统的噪声较大，一般只适用于小型和轻型的工作机械 |
| 内燃机 | 很大 | 低 | 差 | 大 | 大 | 具有功率范围宽，操作简便，起动迅速和便于移动等优点，大多用于野外作业的工程机械、农业机械以及船舶、车辆等。主要缺点是需要柴油或汽油作为燃料，通常对燃料的要求也比较高，在结构上也比较复杂，且对零部件的加工精度要求较高 |

具体应选用哪种形式的原动机，主要从负载特性、机械性能以及经济成本等几个方面进行比较：

（1）分析工作时机械的负载特性和要求。包括工作机械的载荷特性、工作制度、结构布置和所在的工作环境等。

（2）分析原动机本身的机械特性。主要包括原动机的功率、转矩、转速等特性，以及原动机所能适应的工作环境。应使原动机的机械特性与工作机械的负载特性相匹配。

（3）进行经济性的比较。当同时可用多种类型的原动机进行驱动时，经济性的分析是必不可少的，包括能源的供应和消耗、原动机的制造、运行和维修成本的对比等。

除上述三方面外，有些原动机的选择还要考虑对环境的污染，其中包括空气污染和噪声、振动污染等。例如，室内工作的机械使用内燃机作为原动机就不合适。

根据上述各类原动机的特点，选择时可进行各种方案的比较，首先确定原动机的类型，然后根据执行机构的负载特性计算原动机的容量。有时也可先预选原动机容量，在产品设计出来后再进行校核。

## 4.2.2 原动机的选择

在课程设计中，我们较常使用电动机作为原动机，而对电动机的选择主要包括电动机的类型、结构型式、功率、额定转速、额定电压。以下仅讨论电动机的类型、功率及转速的选择。

（1）选择电动机的类型。

电动机类型的选择主要根据工作机械的工作载荷特性，有无冲击、过载的情况，调速范围，起动、制动的频繁程度以及电网供电状况等。

对恒转矩负载特性的机械，应选用机械特性为硬特性的电动机；对恒功率负载特性的机械，应选用变速直流电动机或者带机械变速的交流异步电动机。

由于直流电动机需要直流电源，并且结构复杂，价格较高，因此当交流电动机能满足工作机械要求时，一般不采用直流电动机，而是采用三相交流电源，如无特殊要求均应采用三相交流电动机。其中，以三相异步电动机应用最多，常用的为 Y 系列三相异步电动机。当电动机需经常起动，制动和正、反转（例如起重机），并且要求电动机有较小的转动惯量和较大的过载能力时，在起重及冶金时应选用三相异步电动机，常用的为 YZ 或 YZR 系列。

此外，根据电动机的工作环境条件，如环境温度、湿度、通风及有无防尘、防爆等特殊要求，应选择不同防护性能的外壳结构型式。根据电动机与被驱动机械的连接形式，决定其安装方式，一般采用卧式。

（2）选择电动机的功率。

标准电动机的功率是由额定功率表示的。所选电动机的额定功率应等于或稍大于工作要求的功率。功率小于工作要求，则不能保证工作机正常工作，或使电动机长期过载，发热大而过早损坏；功率过大，则增加成本，并且由于功率和功率因数低而造成浪费。

电动机的功率主要由运行时的发热条件限定，在不变或变化很小的载荷下长期连续运行的机械，只要其电动机的负载没有超过额定值，电动机就不会过热，通常不必校验发热和起动力矩。所需电动机功率为：

$$P_\mathrm{d} = \frac{P_\mathrm{w}}{\eta}$$

式中：$P_\mathrm{d}$ 为工作机实际需要的电动机输出功率，kW；$P_\mathrm{w}$ 为工作机需要的输入功率，kW；$\eta$ 为电动机至工作机之间传动装置的总效率。

工作机所需的功率 $P_\mathrm{w}$ 应该由机器工作阻力和运动参数计算求得，如：

$$P_\mathrm{w} = \frac{Fv}{1000\eta_\mathrm{w}}$$

或

$$P_\mathrm{w} = \frac{Tn_\mathrm{w}}{9500\eta_\mathrm{w}}$$

式中：$F$ 为工作机的阻力，N；$v$ 为工作机的线速度，m/s；$T$ 为工作机的阻力矩，N·m；$n_\mathrm{w}$ 为工作机的转速，r/min；$\eta_\mathrm{w}$ 为工作机的效率。

总效率 $\eta$ 为：

$$\eta = \eta_0\eta_1\eta_2\cdots\eta_n$$

式中：$\eta_0$，$\eta_1$，$\eta_2$，$\cdots$，$\eta_n$ 分别是传动装置中每一传动副(齿轮、蜗杆、带或链)、每对轴承、每个联轴器的效率，其值详细可查机械设计手册。选用时一般取中间值，如果工作条件差，润滑维护不良，则应取低值，反之取高值。

行星齿轮减速器的效率将随行星齿轮机构型式的不同而异，而且即便结构型式相同，也会因传动比的不同，或主动件与从动件选择的不同而相差甚远。效率高的可达 0.98，甚至比定轴齿轮机构的效率还要高；而低的却可以接近于零，设计不合理时效率可能出现负值，导致机构自锁而不能运动。行星减速器的效率计算方法有多种，如转化机构法、基本速比法等。在此不再详述，设计时可参考机械设计手册。

(3)选择电动机的转速。

同一功率的电动机通常有几种转速可供选用，电动机转速越高，磁极越少，尺寸重量越小，价格也就越低，但传动装置的总传动比要增大，传动级数要增多，尺寸及重量也要增大，从而使成本增加；低转速电动机则相反。因此，应全面分析比较其利弊来选定电动机转速。

按照工作机转速要求和传动机构的合理传动比范围，可以推算出电动机转速的可选范围，如：

$$n'_d = i'n_w = (i'_1 i'_2 i'_3 \cdots i'_n) n_w$$

式中：$n'_d$ 为电动机转速的可选范围，r/min；$i'_1$，$i'_2$，$i'_3$，$\cdots$，$i'_n$ 为各级传动的合理传动比范围，见表 4-5。

表 4-5　常用传动机构的性能及使用范围

| 选用指标 | | 传动机构 | | | | | |
|---|---|---|---|---|---|---|---|
| | | 平带传动 | V 带传动 | 圆柱摩擦轮传动 | 链传动 | 齿轮传动 | 蜗杆传动 |
| 功率/kW(常用值) | | 小(≤20) | 中(≤100) | 小(≤20) | 中(≤100) | 大(最大可达 50000) | 小(≤50) |
| 单级传动比 | 常用值 | 2~4 | 2~4 | 2~4 | 2~5 | 圆柱 2~5　圆锥 2~3 | 10~40 |
| | 最大值 | 5 | 7 | 5 | 6 | 8　　5 | 80 |

| 选用指标 | 传动机构 | | | | | |
|---|---|---|---|---|---|---|
| | 平带传动 | V带传动 | 圆柱摩擦轮传动 | 链传动 | 齿轮传动 | 蜗杆传动 |
| 传动效率 | 0.97 | 0.96 | 0.94~0.96 | 0.96 | 0.98~0.99 | 0.40~0.75 |
| 许用线速度（一般精度等级） | ≤25 | ≤30 | ≤25 | ≤40 | ≤30　　≤15 | ≤35 |
| 外廓尺寸 | 大 | 大 | 大 | 大 | 小 | 小 |
| 传动精度 | 低 | 低 | 低 | 中 | 高 | 高 |
| 工作平稳性 | 好 | 好 | 好 | 较差 | 一般 | 好 |
| 自锁能力 | 无 | 无 | 无 | 无 | 无 | 可有 |
| 过载保护作用 | 有 | 有 | 有 | 无 | 无 | 无 |
| 使用寿命 | 短 | 短 | 短 | 中等 | 长 | 中等 |
| 缓冲吸振能力 | 好 | 好 | 好 | 中等 | 差 | 差 |
| 要求制造及安装精度 | 低 | 低 | 中等 | 中等 | 高 | 高 |
| 要求润滑条件 | 不需 | 不需 | 一般不需 | 中等 | 高 | 高 |
| 环境适应性 | 不能接触酸、碱、油类爆炸性气体 | 一般 | 好 | 一般 | 一般 | 一般 |

注：上限为斜(曲)齿轮，下限为直齿圆周速度。

对于 Y 系列电动机，通常多选用同步转速为 1500 r/min 和 1000 r/min 的电动机，如无特殊需要，不选用低于 750 r/min 的电动机。

设计传动装置时，一般按照工作机实际需要的电动机输出功率 $P_d$ 计算，转速则取满载转速。

## 4.3 传动系统设计时应考虑的问题

由于机械设计的多解性和复杂性，满足某种功能要求的机械系统运动方案可能存在很多种。因此，在考虑机械系统运动方案时，除满足基本的功能要求外，还应考虑以下问题：

(1)机械传动系统尽可能简单。

机构运动链尽量简短，在保证满足功能要求的前提下，应尽量选用构件数和运动副数较少的机构，这样可以简化机器的构造，从而减轻重量，降低成本。此外，也可以减少由零件的制造误差而造成的运动链的累积误差。

选择运动副、高副机构可以减少构件数和运动副数，设计简单。但低副机构的运动副元素加工方便，容易保证配合精度以及较高的承载能力。究竟选用哪种机构，应根据具体设计要求全面衡量，尽可能做到扬长避短。一般情况下，应优先考虑低副机构，而且尽量少用移动副;执行构件的运动规律要求复杂,采用连杆机构很难完成精确设计时,应考虑采用高副机构。

(2)尽量缩小机构尺寸。

机械的尺寸和重量随选择的机构类型不同而有很大差别。在传动比相同的情况下,周转轮系减速器的尺寸和质量比普通定轴轮系减速器要小得多。在连杆机构和齿轮机构中,也可以利用齿轮传动时节圆作纯滚动的原理,或利用杠杆放大或缩小的原理来缩小机构尺寸。盘形凸轮机构的尺寸也可借助杠杆原理相应缩小。

(3)机构是否具有较好的动力特性。

机构在机械系统中不仅要传递运动,同时还要传递动力,因此,要选择有较好动力学特性的机构。要尽可能选择传动角较大的机构,以提高机器的传动效率,减少功耗,尤其对于传递力矩较大的机构,这一点尤为重要。采用增力机构对执行构件增益不大,而短时克服工作阻力很大的机构(如冲压机械中的主机构),可以采用“增力”的方法,即瞬时有较大机械增益的机构。对高速运转的机构采用对称布置的机构,则其作往复运动和平面一般运动的构件以及偏心的回转构件的惯性力和惯性力矩都较大,因此,在选择机构时,应尽可能考虑机构的对称性,以减小运转过程中的动载荷和振动。

(4)机械系统应具有良好的人机性能。

任何机械系统都是由人类来设计,并用来为人类服务的,而且大多数机械系统都要由人来操作和使用。因此,在进行机械设计时,必须考虑到安装和操作的便利性,以求得人与机械系统的和谐统一。

# 4.4　传动系统的总传动比及其分配

每一级传动比的大小都应在该机构常用的合理范围内选择。某一级的传动比过大时,会使整个系统结构趋于不合理。传动比较大的情况下,采用多级传动往往可以减小传动系统的外廓尺寸。对于带传动,因为其外廓尺寸较大,故很少采用多级传动。

实现多级减速传动时,一般按照“先小后大”的原则分配每一级的传动比,对系统会比较有利,即 $i_1 < i_2 < \cdots < i_n$,且相邻两级的传动比不要相差过大。这样,可以使多级减速的中间轴具有较高的转速和较小的扭矩,轴和轴上的零件具有较小的外轮廓尺寸,使整个传动系统的结构比较紧凑。

## 4.4.1　总传动比的确定

原动机选定后,根据原动机的额定转速 $n_{原}$ 和工作轴的转速 $n_I$ 即可确定传动装置的总传动比 $i_{总}$:

$$i_{总} = \frac{n_{原}}{n_I}$$

根据总传动比按各级传动进行分配:

$$i_{总} = i_1 i_2 i_3 \cdots i_n$$

式中: $i_1$, $i_2$, $i_3$, $\cdots$, $i_n$ 为各级传动的传动比。

## 4.4.2 各级传动比的分配

传动比的合理分配是传动装置设计中的一个重要问题。它将直接影响到传动装置的外形尺寸、重量、润滑条件、装拆性能以及整个机器的工作能力。传动比的分配通常需要考虑以下几点：

(1)每一级传动比的选取应在各类传动机构的合理范围内。

(2)当齿轮传动链的传动比比较大时，通常采用多级齿轮传动。当传动比大于8时，采用两级齿轮传动；当传动比大于30时，则采用两级以上的齿轮传动。例如某个减速器的传动比为8，若采用如图4-1(b)所示的两级齿轮减速器，则无论从外形还是重量上都比如图4-1(a)所示的单级齿轮减速器小得多。

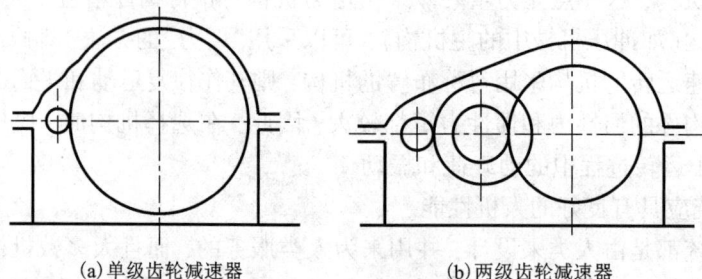

(a)单级齿轮减速器          (b)两级齿轮减速器

图4-1  齿轮减速器

(3)当各中间轴有较高转速和较小扭矩时，轴及轴上的零件可取较小的尺寸，从而使整个结构比较紧凑。因此，在分配各级传动比时，若传动链为升速传动，则应在开始几级就增速，且增速比逐渐减小；若传动链为降速传动，则应按传动比逐级增大的原则分配好各级传动比，且相邻两级传动比之间的差值不应太大。

(4)对于以提高传动精度、减小回程误差为主的降速齿轮传动链，设计时从输入端到输出端的各级传动比都应按"前小后大"的原则来选取，且最末两级传动比应尽可能大。同时应提高齿轮的制造精度，这样可减小齿轮的固有误差、安装误差和回转误差对输出轴运动精度产生的影响。

(5)对于负载变化的齿轮传动装置，各级传动比应尽可能选取不可约的分数，以避免同时啮合。此外，相啮合两轮的齿数最好为质数。

(6)对于传动比很大的传动链，应考虑将周转轮系与定轴轮系或其他类型的传动综合使用。

(7)在考虑传动比分配时，还应注意使各传动件之间、传动件与机架之间不要互相干涉、碰撞。例如，带传动中若传动比选得过大，使大带轮直径大于减速器中心轴高度，则大带轮会与机座碰撞。

(8)设计减速器时还应考虑润滑问题。为使各级传动中的大齿轮都能浸入油池，且深度大致相同，各级大齿轮直径均应接近，高速级传动比应大于低速级。

由于考虑问题的出发点不同，设计出的传动比分配方案也会不同。设计者应根据问题的具体要求和条件，综合运用以上原则进行设计。

### 4.4.3　传动比的选择和计算

（1）在 V 带—齿轮传动装置中，$i_总 = i_带 \, i_齿$，一般应使 $i_带 < i_齿$，以使整个传动装置的尺寸较小，结构紧凑。如果 $i_带$ 太大，就可能使大带轮的半径 $R$ 大于减速器的中心高 $H$（图 4-2），从而造成安装上的困难。

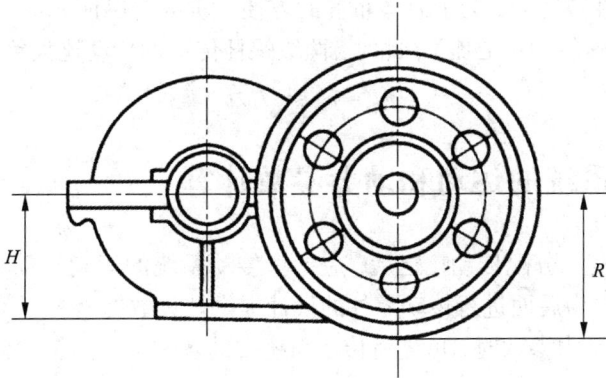

图 4-2　带轮布置

（2）对于两级圆柱齿轮减速器，为使两对齿轮的齿面承载能力大致相等（假定两对齿轮的配对材料和齿宽系数均相同），以获得最小的外形尺寸，应取高速级传动比 $i_高$：

$$i_高 = \frac{i_总 \, \sqrt[3]{i_总^2} + 1}{2 \, \sqrt[3]{i_总^2} + i_总}$$

（3）对于同轴线式两级圆柱齿轮减速器，为了提高高速级齿轮的承载能力，并照顾到各级齿轮的润滑条件，可取：

$$i_高 = \sqrt{i_总} - (0.01 \sim 0.05) i_总$$

（4）为了使两个大齿轮的浸油深度大致相等，以利润滑，对于展开式和分流式圆柱齿轮减速器通常取 $i_高 = (1.2 \sim 1.3) i_低$，或按如图 4-3 所示的曲线来分配传动比。

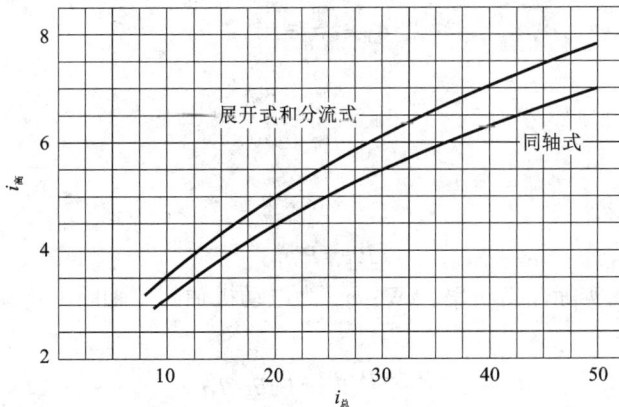

图 4-3　传动比分配图

（5）对于两级圆锥—圆柱齿轮减速器，考虑到圆锥齿轮尺寸越大，制造越困难，因此高速级的圆锥齿轮传动比 $i_{高}$ 不宜过大。根据齿面承载能力相等，并获得较小外形尺寸的原则，通常取 $i_{高} \approx 0.25 i_{总}$，且 $i_{总} \leqslant 3$。如要求两个大齿轮的浸油深度大致相等，则介许 $i_{总} = 3.5 \sim 4$。

（6）对于蜗杆—齿轮减速器，齿轮传动的传动比大致可取为：

$$i_{齿} \approx (0.03 \sim 0.06) i_{总}$$

（7）对于两级蜗杆减速器，为了总体布置的方便，通常应保证 $a_{低} \approx 2 a_{高}$（$a_{高}$、$a_{低}$ 分别表示减速器高速级和低速级的中心距）。此时，两级蜗杆传动的传动比大致相同，即：

$$i_{高} \approx i_{低} \approx \sqrt{i_{总}}$$

## 4.5　机械传动系统的运动和动力参数计算

在选定电动机型号、分配传动比之后，应计算传动系统的运动和动力参数，即各轴的转速、功率和转矩，以便为后面进行传动零件的设计提供计算数据。

计算各轴运动和动力参数时，可先将传动系统中的各轴由高速轴到低速轴依次编号为电动机轴、Ⅰ轴、Ⅱ轴⋯⋯

并设：

$i_0$，$i_1$⋯⋯相邻两轴的传动比；

$\eta_1$，$\eta_2$⋯⋯相邻两轴的传动效率；

$P_{\mathrm{I}}$，$P_{\mathrm{II}}$⋯⋯各轴的输入功率，kW；

$T_{\mathrm{I}}$，$T_{\mathrm{II}}$⋯⋯各轴的输入转矩，N·m；

$n_{\mathrm{I}}$，$n_{\mathrm{II}}$⋯⋯各轴的转速，r/min。

从电动机轴至工作机轴方向依次推算，计算可得各轴的参数。

（1）各轴转速。

$$n_{\mathrm{I}} = \frac{n_m}{i_0}$$

式中：$n_m$ 为电动机满载转速；$i_0$ 为电动机轴至Ⅰ轴的传动比。

同理有：

$$n_{\mathrm{II}} = \frac{n_{\mathrm{I}}}{i_1} = \frac{n_m}{i_0 i_1}$$

$$n_{\mathrm{III}} = \frac{n_{\mathrm{II}}}{i_2} = \frac{n_m}{i_0 i_1 i_2}$$

其余均可类推。

（2）各轴输入功率。

$$P_{\mathrm{I}} = P_{\mathrm{d}} \eta_{01}$$

式中：$P_{\mathrm{d}}$ 为电动机的实际输出功率，kW；$\eta_{01}$ 为电动机轴与Ⅰ轴间的传动效率。

同理得：

$$P_{\mathrm{II}} = P_{\mathrm{I}} \eta_{12} = P_{\mathrm{d}} \eta_{01} \eta_{12}$$

$$P_{\mathrm{III}} = P_{\mathrm{II}} \eta_{23} = P_{\mathrm{d}} \eta_{01} \eta_{12} \eta_{23}$$

其余均可类推。

38

（3）各轴输入转矩。

$$T_{\mathrm{I}} = T_{\mathrm{d}} i_0 \eta_{01}$$

式中：$T_{\mathrm{d}}$ 为电动机轴的输出转矩，$\mathrm{N \cdot m}$。

$$T_{\mathrm{d}} = 9550 \times \frac{P_{\mathrm{d}}}{n_m}$$

式中：$P_{\mathrm{d}}$ 为电动机的实际输出功率，$\mathrm{kW}$；$n_{\mathrm{m}}$ 为电动机转速，$\mathrm{r/min}$。

所以有：

$$T_{\mathrm{I}} = T_{\mathrm{d}} i_0 \eta_{01} = 9550 \times \frac{P_{\mathrm{d}}}{n_m} i_0 \eta_{01}$$

同理得：

$$T_{\mathrm{II}} = T_{\mathrm{I}} i_1 \eta_{12}$$
$$T_{\mathrm{III}} = T_{\mathrm{II}} i_2 \eta_{23}$$

其余均可类推。

## 4.6　机械传动系统方案设计举例

**例**：在如图 4-4 所示的带式输送机中，已知输送带的拉力 $F = 3.2\ \mathrm{kN}$，输送带速度 $v = 1.4\ \mathrm{m/s}$，驱动滚筒直径 $D = 400\ \mathrm{mm}$，驱动滚筒与输送带间的传动效率 $\eta_{\mathrm{w}} = 0.97$，载荷稳定，并长期连续工作。试选择合适的电动机并计算该传动装置各轴的运动参数。

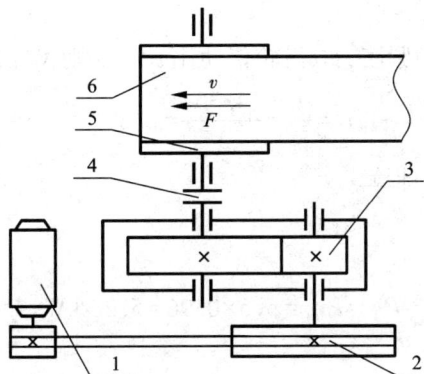

1—电动机；2—V 带传动；3—减速器；4—联轴器；5—驱动滚筒；6—输送带。
**图 4-4　带式输送机传动系统示意图**

解：（1）电动机的选择。

①带式输送机所需的功率 $P_{\mathrm{w}}$：

$$P_{\mathrm{w}} = \frac{Fv}{1000\eta_{\mathrm{w}}} = \frac{3.2 \times 1000 \times 1.4}{1000 \times 0.97} = 4.619\ \mathrm{kW}$$

从电动机到驱动滚筒的总效率为：

$$\eta = \eta_1 \eta_2^2 \eta_3 \eta_4 = 0.96 \times 0.99^2 \times 0.99 = 0.9035$$

式中：$\eta_1$、$\eta_2$、$\eta_3$、$\eta_4$ 分别为 V 带传动、轴承、齿轮传动以及联轴器的效率。

由常用基础资料中的机械传动效率查得 $\eta_1 = 0.96$，$\eta_2 = 0.99$，$\eta_3 = 0.97$，$\eta_4 = 0.99$。
电动机输出功率为：

$$P_d = \frac{P_w}{\eta} = \frac{4.619}{0.9035} = 5.112 \text{ kW}$$

②选择电动机。

因为带式运输机传动载荷稳定，取过载系数 k = 1.05，得：$P_c = kP_d = 1.05 \times 5.112 = 5.367$ kW。

查附录 I 或《机械零件设计手册》，在常见的 Y 系列三相异步电动机中选取 Y132M2.6 电动机。再由常用电动机中的三相异步电动机选型，以及 Y 系列（IP44）三相异步电动机技术中的机座带底脚、端盖上无凸缘的电动机，选定电动机的主要结构尺寸。其主要数据如下：

电动机额定功率 P = 5.5 kW，电动机满载转速 n = 960 r/min，电动机伸出端直径为 38 mm，电动机伸出端轴安装长度为 80 mm。

（2）总传动比计算及传动比分配。

①总传动比计算。

驱动滚筒转速 $n_w$：

$$n_w = \frac{60000v}{\pi D} = \frac{60000 \times 1.4}{3.14 \times 400} = 66.88 \text{ r/min}$$

得总传动比 i：

$$i = \frac{n}{n_w} = \frac{960}{66.88} = 14.354$$

②传动比的分配。

为了使传动系统结构较为紧凑，取齿轮传动比 $i_2 = 5$，则 V 带的传动比：

$$i_1 = \frac{i}{i_2} = \frac{14.354}{5} = 2.871$$

（3）传动装置运动参数的计算。

①各轴的输入功率。

高速轴的输入功率 $P_I$：

$$P_I = P\eta_1 = 5.5 \times 0.96 = 5.28 \text{ kW}$$

低速轴的输入功率 $P_{II}$：

$$P_{II} = P\eta_1\eta_2\eta_3 = 5.5 \times 0.96 \times 0.99 \times 0.97 = 5.07 \text{ kW}$$

②各轴的转速。

高速轴转速 $n_I$：

$$n_I = \frac{n}{i} = \frac{960}{2.871} = 334.38 \text{ r/min}$$

低速轴转速 $n_{II}$：

$$n_{II} = \frac{n_I}{i_2} = \frac{334.38}{5} = 66.88 \text{ r/min}$$

③各轴的转矩。

高速转矩 $T_I$：

$$T_{\mathrm{I}} = 9550\frac{P_{\mathrm{I}}}{n_{\mathrm{I}}} = 9550 \times \frac{5.28}{334.38} = 150.798 \text{ N} \cdot \text{m}$$

高速转矩 $T_{\mathrm{II}}$：

$$T_{\mathrm{II}} = 9550\frac{P_{\mathrm{II}}}{n_{\mathrm{II}}} = 9550 \times \frac{5.07}{66.87} = 724.069 \text{ N} \cdot \text{m}$$

各轴功率、转速、转矩列于表 4-6。

表 4-6　各轴运动参数表

| 轴名 | 功率/kW | 转速/(r·min⁻¹) | 转矩/(N·m) |
| --- | --- | --- | --- |
| 高速轴 | 5.28 | 334.38 | 150.798 |
| 低速轴 | 5.07 | 66.88 | 724.069 |

# 第5章
# 计算机辅助机构设计

## 5.1 计算机辅助平面四连杆机构设计

平面连杆机构设计中的主要任务是：按给定运动要求，在选定机构形式后进行机构运动简图的设计，也即确定各构件的几何尺寸(如两转动副中心间的距离和运动副导路中心线方位等)，因不涉及机构的具体结构和强度，故称为机构的运动设计。

平面连杆机构的运动设计一般可归纳为以下三类基本问题：

(1)实现构件给定位置(亦称刚体导引)，即要求连杆机构能引导某构件按规定顺序精确或近似地经过给定的若干位置。

(2)实现已知运动规律(亦称函数生成)，即要求主、从动件满足已知的若干组对应位置关系，包括满足一定的急回特性要求，或者在主动件运动规律一定时，动件从能精确或近似地按给定规律运动。

(3)实现已知运动轨迹(亦称轨迹生成)，即要求连杆机构中作平面运动的构件上某一点精确或近似地沿着给定的轨迹运动。

在进行平面连杆机构运动设计时，往往是以上述运动要求为主要设计目标，同时兼顾一些运动特性和传力特性等方面的要求，如整转副要求、压力角或传动角要求、机构占据 空间位置要求等。另外，设计结果还应满足运动连续性要求，即当主动件连续运动时，从动件也能连续地占据预定的各个位置，而不出现错位或错序等现象。

平面连杆机构运动设计的方法主要是图解法和解析法，此外还有图谱法和模型实验法。在这里，图解法是利用机构运动过程中各运动副位置之间的几何关系，通过作图获得有关运动尺寸。对一些简单设计问题的处理，该方法有效而快捷。

由于连杆机构对从动件的运动要求是多种多样的，要综合的问题也各不相同。一般可归结为：①主动件运动规律一定时，要求从动件能实现给定的对应位置或近似实现给定函数的运动规律；②要求连杆能实现给定的位置；③要求连杆上某点能近似沿给定曲线运动。其中"要求连杆能实现给定的位置"是研究运动几何学的基本问题，据此也可求解近似实现给定曲线的机构。

图解法设计的大致步骤为：首先将已知几何条件按比例画出，再将给定的运动要求转换成几何条件，接着就可以根据上述连杆机构的一些工作特性，通过几何作图确定待定的转动副的中心和运动副导路中心线的位置。设计结果即为待求构件的尺寸，可直接从图上量取。

由于平面四杆机构是连杆机构中最简单、最基本的机构，故以下将重点介绍 AutoCAD 环境中的平面四杆机构设计图解法。

42

**1. 按给定连杆三位置设计四杆机构**

由平面四杆机构(图 5-1)的运动特征可知，连杆上 $B$ 点的轨迹是以 $A$ 点为转动中心的一段圆弧，$C$ 点的轨迹是以 $D$ 点为圆心的一段圆弧，若能找到这两个圆心，此设计即可完成。

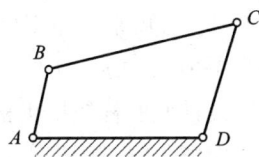

图 5-1　平面四杆机构

采用电子图板来完成这一作图过程非常容易。首先根据给定条件，由 LINE 命令依次画出连杆的三个位置，然后利用三点圆弧命令 CIRCLE 分别用圆弧连接连杆两端点 $B$、$C$ 的三个位置，得 $B_1$、$B_2$、$B_3$ 和 $C_1$、$C_2$、$C_3$，如图 5-2 所示。

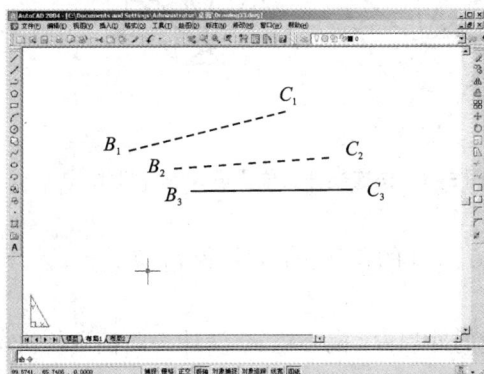

(a)作连杆三位置　　　　　　　　(b)用圆弧命令连接连杆端点

图 5-2　作出连杆三位置

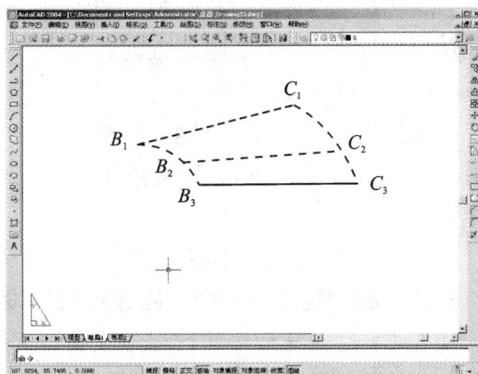

接下来利用软件的中心线命令，将两段圆弧的圆心分别画出，即可确定四杆机构中机架的 $A$ 点和 $D$ 点，然后连接 $B_1C_1C_3B_3$，即为所设计的四杆机构，如图 5-3 所示。

通过查询命令，即可知道四杆机构中各杆的精确尺寸。

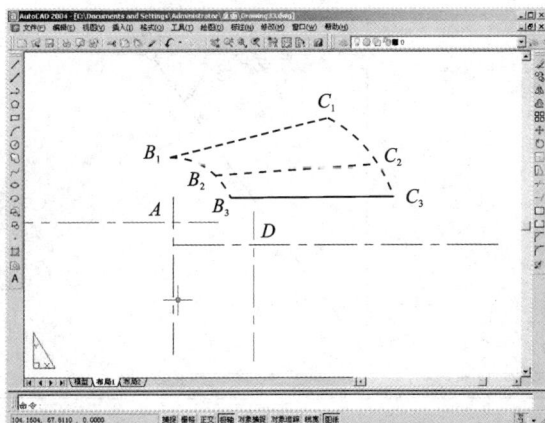

图 5-3　确定连杆端点的回转中心

**2. 按连架杆三位置问题进行设计**

**例 5-1：** 已知原动件 $AB$ 的三个位置 $AB_1$、$AB_2$、$AB_3$，所对应的从动件 $CD$ 上某一直线 $DE$ 相应地位于 $DE_1$、$DE_2$、$DE_3$ 三个位置。$AB$ 杆和 $AD$ 杆的长度以及 $\varphi_1$、$\varphi_2$、$\varphi_2$、$\psi_1$、$\psi_2$、$\psi_3$ 均已知。试设计此四杆铰链机构。

具体作图求解过程如下：

（1）选 $\mu_1$，按已知条件作出 $AB$ 与 $DE$ 的三个对应位置（图 5-4）。

（2）连接 $B_2E_2$、$B_2D$ 得三角形 $B_3E_3D$，将其绕 $D$ 点沿逆时针方向转过 $\psi_2\psi_1$，得点 $B_2'$；连 $B_3E_3$、$B_3D$ 得三角形 $B_3E_3D$，将其绕 $D$ 点沿逆时针方向转过 $\psi_3-\psi_1=57°$，得点 $B_3'$。

（3）连 $B_1B_2'$、$B_2'B_3'$，分别作其垂直平分线 $b_{12}$、$b_{23}$、$b_{12}$、$b_{23}$，其交点即为铰链 $C$。

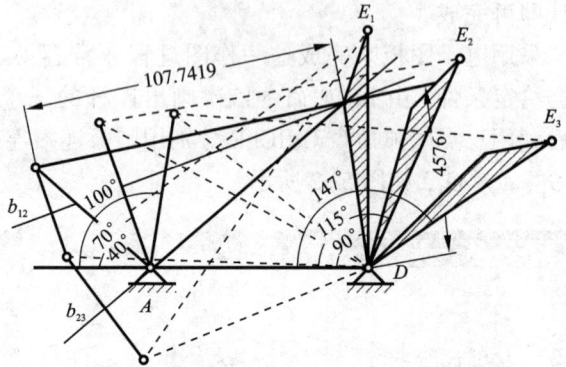

**图 5-4 按连架杆三位置设计连杆机构**

（4）连接 $B_1C$、$CD$，标注出其尺寸，即为杆 $BC$、$CD$ 的长度，最后可得 $l_B$、$l_{BC}$。

**3. 按行程速变系数进行平面连杆机构设计**

**例 5-2：** 已知某滑块的行程速比系数 $K$、滑块的冲程 $H$、偏心距 $e$，设计一曲柄滑块机构。

（1）先根据行程速比系数 $K$，算出极位夹角 $\theta$。

（2）然后在 AutoCAD 环境下，利用 LINE、ORTHO 命令作直线 $C_1C_2=H$，并由点 $C_1$ 用 LINE 及相对极坐标作一直线与 $C_1C_2$ 成 $90°-\theta$ 的夹角。

（3）再由点 $CC_2$ 用 LINE、ORTHO 命令作 $C_1C_2$ 的垂直线，两线相交于点 $P$（图 5-5）。

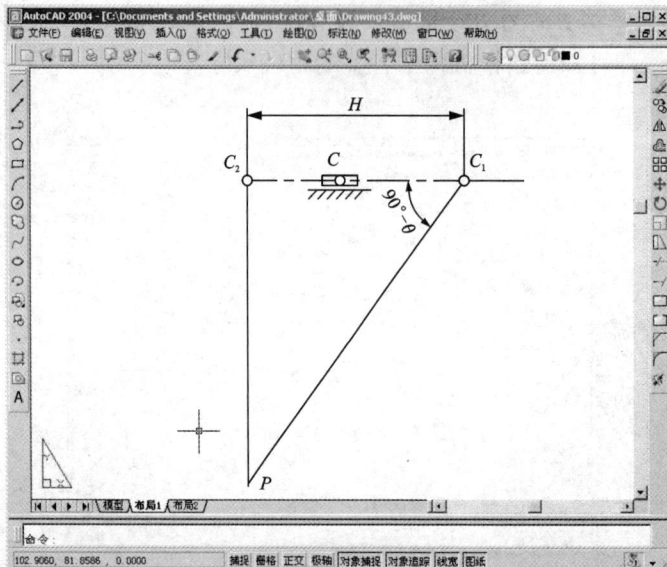

**图 5-5 用 LINE、ORTHO 命令作 $C_1C_2$ 的垂直线**

（4）用 CIRCLE 命令的三点绘圆命令过 $C_1$、$C_2$、$P_3$ 点作圆。

（5）用 OFFSET 命令作出一与 $C_1C_2$ 平行且间距为 $e$ 的直线，此直线与上述圆的交点即为曲柄的轴心 $A$ 的位置。

（6）用 SNAP、LINE 命令连接 $AC_1$、$AC_2$，再用 DIMENSTION 命令自动测得尺寸 $AC_1$、$AC_2$。

所作线条如图 5-6 所示。由此可得，曲柄的长度 $r = AB = AC_1 - AC_2/2$，连杆的长度 $l = AC_1 - r$。

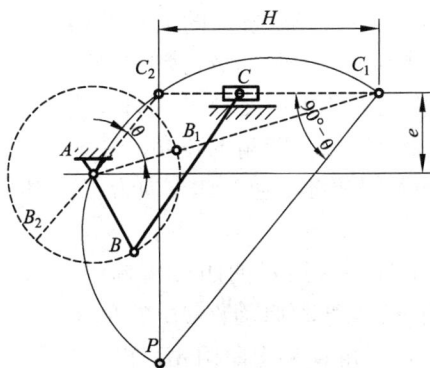

图 5-6　曲柄长度确定

# 5.2　函数生成机构设计

在进行机构设计时常用的方法有图解法和解析法。用图解法进行机构的运动分析比较形象直观，但精度较低，费时较多，而且也不便于把机构分析问题和机构综合问题联系起来。用解析法进行机构的运动分析则具有结果准确、速度快、实现可视化、有利于数控加工实现 CAD/CAM 一体化的特点，因此，随着科学技术的发展，解析法得到越来越广泛的应用。

解析法是将机构中已知的运动参数与未知的运动参数和尺寸参数之间的关系用数学方程式表达出来，然后求解的方法。其特点是可以得到很高的计算精度。在数学和理论力学知识的基础上，这种方法掌握起来并不困难，而且运用算法语言和计算机的知识，可以利用计算机求解。

用解析法进行机构运动学和动力学分析时，关键是建立机构位移方程式，然后对位移方程关于时间求一阶和二阶导数，便可得到速度方程和加速度方程，进而求出各运动参数。比如用解析法进行凸轮廓线设计的主要任务就是根据已确定的运动参数和几何参数，建立起凸轮轮廓曲线与凸轮转角的函数关系。

## 5.2.1　用解析法进行机构运动学分析

根据分析过程的不同，用解析法进行机构的运动分析可分为两种：一种是整体运动分析法，即把所研究的机构放在相应的坐标系中，始终把整个机构作为研究对象；另一种是基本杆组法，即把机构分解成基本杆组，并将它们作为研究对象，分别建立各个基本杆组的子程序（目前，常用的基本杆组已进行了完整分析且编制了相应的子程序库），根据机构的组成原理编一个正确调用所需求基本杆组的子程序来计算获得结果。用解析法进行机构运动学分析可分为三步，即建立数学模型、进行框图设计和编写程序。

**1. 平面连杆机构的整体运动分析法**

运动分析的内容虽然包括位移分析、速度分析和加速度分析三个方面，但关键问题是位移分析；至于速度分析和加速度分析，则是利用位移方程式对时间求一阶导数和二阶导数计算获得的。这里介绍常用进行机构的整体运动分析的矢量投影法。分析时，在确定的直角坐标系中，选取各杆的矢量方向与转角，画出封闭的矢量多边形，列出矢量方程式，然后将矢量投影到坐标轴上，写出位置参量的解析表达式。在选取各杆的矢量方向及转角时，对于与机架相铰接的杆件，建议其矢量方向由固定铰链向外，这样便于标出转角。转角的正负，规定以轴的正向为基准，逆时针方向为正，反之为负。

在如图 5-7 所示的四杆机构中，已知各杆的长度和原动件 AB 的角速度 $\omega_1$ 和位置角 $\varphi_1$ 确定曲柄 AB 在回转一周的过程中每隔 10°时连杆 BC 和输出杆 CD 的位置角 $\varphi_2$ 和 $\varphi_3$、角速度 $\omega_2$ 和 $\omega_3$、角加速度 $\alpha_2$ 和 $\alpha_3$。

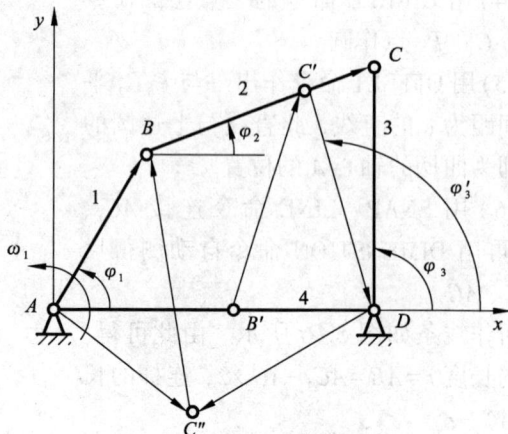

图 5-7 四杆机构的运动分析

如图 5-7 所示，以 A 为原点，x 轴和 AD 线重合，标出各个矢量转角，由封闭多边形可得：

$$AB + BC = AD + DC$$

将上式中的各矢量分别投影在 x 轴和 y 轴上，可得：

$$\left.\begin{array}{l} l_1\cos\varphi_1 + l_2\cos\varphi_2 = l_3\cos\varphi_3 + l_4 \\ l_1\sin\varphi_1 + l_2\sin\varphi_2 = l_3\sin\varphi_3 \end{array}\right\} \tag{5-1}$$

令 $l_1\sin\varphi_1 = b$，$l_4 - l_1\cos\varphi_1 = a$：

$$\left.\begin{array}{l} l_2\sin\varphi_2 = l_3\sin\varphi_3 - b \\ l_2\cos\varphi_2 = l_3\cos\varphi_3 + a \end{array}\right\} \tag{5-2}$$

两边平方后相加得：

$$l_2^2 = l_3^2 - 2bl_3\sin\varphi_3 + b^2 + 2al_3\cos\varphi_3 + a^2$$

令：

$$A = \frac{a^2 + b^2 + l_3^2 - l_2^2}{2al_3}, \quad B = \frac{b}{a}$$

则得：

$$\cos\varphi_3 - B\sin\varphi_3 + A = 0$$

$$\cos\varphi_3 + A = B\sqrt{1 - \cos^2\varphi_3}$$

两边平方，整理得：

$$(1 + B^2)\cos^2\varphi_3 + 2A\cos\varphi_3 + (A^2 - B^2) = 0$$

$$\cos\varphi_3 = \frac{-2A \pm \sqrt{4A^2 - 4(1 + B^2)(A^2 - B^2)}}{2(1 + B^2)}$$

$$\left.\begin{array}{l} = -\dfrac{1}{1 + B^2}\left(A + B\sqrt{1 - A^2 + B^2}\right) = M \\[3mm] = -\dfrac{1}{1 + B^2}\left(A - B\sqrt{1 - A^2 + B^2}\right) = M_1 \end{array}\right\} \tag{5-3}$$

46

$$\left.\begin{array}{l}\varphi_3=\arctan\dfrac{\sqrt{1-M^2}}{M}\\[3mm]\varphi_3=\arctan\dfrac{\sqrt{1-M_1^2}}{M_1}\end{array}\right\}\qquad(5\text{-}4)$$

式中：$A=\dfrac{l_4^2-2l_1l_4\cos\varphi_1+l_1^2+l_3^2-l_2^2}{2l_3(l_4-l_1\cos\varphi_1)}$；$B=\dfrac{l_1\sin\varphi_1}{l_4-l_1\cos\varphi_1}$。

在式(5-4)中，根号前有正负号，表示给定时，可有两个值，这与如图 5-7 所示的 $C$ 有两个交点($C$ 和 $C''$)的意义相当。应按照所给机构的装配方案($C$ 处取正号，$C''$ 处取负号)选择正负号；也可根据运动的连续性，在编写程序中进行处理，首先计算角 $\varphi_1$ 的初值(如 $\varphi_1=0$)相对应的 $\varphi_3$ 值(如图 5-7 中的 $\varphi_3'$)，由于：

$$l_2^2=l_3^2+(l_4-l_1)^2-2l_3(l_4-l_1)\cos(\pi-\varphi_3)$$

$$\cos\varphi_3=\frac{l_2^2-l_3^2-(l_4-l_1)^2}{2l_3(l_4-l_1)}=R\qquad(5\text{-}5)$$

$$\varphi_3=\arctan\frac{\sqrt{1-R^2}}{R}\qquad(5\text{-}6)$$

以后在 $\varphi_1$ 的循环中，每次都能算出两个 $\varphi_3$ 值，将它们与前一步的 $\varphi_3$ 比较，选择接近的那个值。由式(5-2)得：

$$\tan\varphi_2=\frac{l_3\sin\varphi_3-l_1\sin\varphi_1}{l_3\cos\varphi_3+l_4-l_1\cos\varphi_1}=R_1\qquad(5\text{-}7)$$

$$\varphi_2=\arctan R_1\qquad(5\text{-}8)$$

将式(5-1)对时间求导得：

$$\left.\begin{array}{l}l_1\omega_1\cos\varphi_1+l_2\omega_2\cos\varphi_2=l_3\omega_3\cos\varphi_3\\-l_1\omega_1\sin\varphi_1-l_2\omega_2\sin\varphi_2=-l_3\omega_3\sin\varphi_3\end{array}\right\}\qquad(5\text{-}9)$$

将坐标系绕原点转 $\varphi_2$ 角，由式(5-9)得：

$$l_1\omega_1\sin(\varphi_1-\varphi_2)=l_3\omega_3\sin(\varphi_3-\varphi_2)$$

所以有：

$$\omega_3=\frac{l_1\sin(\varphi_1-\varphi_2)}{l_3\sin(\varphi_1-\varphi_2)}\omega_1$$

同理，将坐标系绕原点转 $\varphi_3$ 角，由式(5-9)得：

$$\omega_2=-\frac{l_1\sin(\varphi_1-\varphi_3)}{l_2\sin(\varphi_2-\varphi_3)}\omega_1$$

角速度的正负分别表示逆时针和顺时针方向转动。

将式(5-9)对时间求导得：

$$-l_1\omega_1^2\cos\varphi_1-l_2\omega_2^2\cos\varphi_2-\alpha_2l_2\sin\varphi_2=-l_3\omega_3^2\cos\varphi_3-\alpha_3l_3\sin\varphi_3$$

将坐标轴原点转 $\varphi_2$ 和 $\varphi_3$ 角，则由上式可得：

$$\alpha_3=\frac{\omega_1^2l_1\cos(\varphi_1-\varphi_2)+\omega_2^2l_2-\omega_3^2l_3\cos(\varphi_3-\varphi_2)}{l_3\sin(\varphi_3-\varphi_2)}\qquad(5\text{-}10)$$

$$\alpha_2 = -\frac{\omega_1^2 l_1 \cos(\varphi_1 - \varphi_3) - \omega_2^2 l_2 \cos(\varphi_2 - \varphi_3) + \omega_3^2 l_3}{l_2 \sin(\varphi_2 - \varphi_3)} \qquad (5-11)$$

具体算例和编程如下:

```
L1=0.2; L2=0.4; L3=0.35; L4=0.5;W1=10 PI=3.1416;
R=(L2^2- L3^2- (L4- L1)^2)/(2* L3* (L4- L1))
theta3 = - atan(sqrt(1- R^2)/R)
if theta3<0
      Theta3 =theta3+PI
end
i=0;
theta1 =0
while(theta1<360)
      theta1 =theta1+PI* i/6
T=L4^2+L3^2+L1^2- L2^2
A=- sin(theta1)
B=1.4/L1- cos(theta1)
C=T/(2* L1* L3)- L4/L3* cos(theta1)
T1=2* atan ((A+sqrt(A.^2+B.^2- C.^2))/(B- C))
T2=2* atan ((A- sqrt(A.^2+B.^2- C.^2))/(B- C))
M=abs(T1- theta3)
M1 =abs(T2- theta3)
if M<M1
theta3 =T1
else
theta3 =T2
end
theta2 =atan((L3* sin(theta3)- L1* sin(theta1))/(L4+L3* cos (theta3)- L1* cos(theta1)))
W2=- L1* sin(theta1- theta3)* W1/(L2* sin(theta2- theta3))
W3=L1* sin(theta1- theta2)* W1/(L3* sin(theta3- theta2))
E2=(L1* W1^2* cos(theta1- theta3)+L2* W2^2- L3* W3^2* cos(theta3- theta2))/(L2* sin
(theta3- theta2))
E3=(L1* W1^2* cos(theta1- theta2)+L2* W2^2- L3* W3^2* cos(theta3- theta2))/(L3* sin
(theta3- theta2))
i=i+1
the1 =theta1* 180/PI
the2 =theta2* 180/PI
the3 =theta3* 180/PI
figure(1);
grid on
```

```
x1 = L1*  cos(the1);
y1 = L1*  sin(the1);
x2 = x1+L2*  cos(the2);
y2 = x2+L2*  sin(the2);
plot(x1,y1,' oB' );
text(x1+0.01,y1,' B' )
hold on
plot(x2,y2,' oC' );
text(x2+0.01,y2,' oC' )
line([0,x1,x2,0.5],[0,y1,y2,0])
text(0,0,' oA' )
text(0.5,0,' oD' )
hold off
end
```

程序中部分符号的含义为：

theta1（弧度），the1（度）为杆一的转角 $\varphi_1$；theta2（弧度），the2（度）为杆二的转角 $\varphi_2$；theta3（弧度），the3（度）为杆三的转角 $\varphi_3$；W2 为杆二的角速度 $\omega_2$；W3 为杆三的角速度 $\omega_3$；E2 为杆二的角加速度 $\alpha_2$；E3 为杆三的角加速度 $\alpha_3$；PI 为圆周率，程序中取 3. 1416。

注意：在各转角参与计算时，以 rad（弧度）为单位，分别采用 theta1，theta2，theta3 表示，输出结果时为了便于阅读，又改为以度为单位，采用了 the1，the2，the3 三个变量。

**2. 平面连杆机构运动分析的基本杆组法**

由机构组成原理可知，任何机构都可以分解成原动件、机架和若干基本杆组。这些基本杆组包括 Ⅱ 级组、Ⅲ 级组和 Ⅳ 级以上的高级组，而常用的平面连杆机构由大量 Ⅱ 级组和一些 Ⅲ 级组构成。本节介绍部分 Ⅱ 级组的分析。

（1）二杆三铰链型 Ⅱ 级杆组（RRR 型）。

如图 5-8（a）所示，已知杆 2 和杆 3 的长度，点 $M$ 和 $N$ 的位置 $(x_M, y_M)$ 和 $(x_N, y_N)$、速度 $(\dot{x}_M, \dot{y}_M)$ 和 $(\dot{x}_N, \dot{y}_N)$、加速度 $(\ddot{x}_M, \ddot{y}_M)$ 和 $(\ddot{x}_N, \ddot{y}_N)$，求杆 2 和杆 3 的角位移 $\varphi_2$ 和 $\varphi_3$、角速度 $\omega_2$ 和 $\omega_3$ 和角加速度 $\alpha_2$ 和 $\alpha_3$，以及内部运动副 $Q$ 点的位置 $(x_Q, y_Q)$、速度 $(\dot{x}_Q, \dot{y}_Q)$、加速度 $(\ddot{x}_Q, \ddot{y}_Q)$。由图 5-8（a）可得 $Q$ 点的矢量方程：

$$\boldsymbol{OQ} = \boldsymbol{OM} + \boldsymbol{MQ} = \boldsymbol{ON} + \boldsymbol{NQ}$$

将上式中的各矢量分别投影在 $x$ 轴和 $y$ 轴上，可得：

$$\left.\begin{array}{l} x_Q = x_M + l_2\cos\varphi_2 = x_N + l_3\cos\varphi_3 \\ y_Q = y_M + l_2\sin\varphi_2 = y_N + l_3\sin\varphi_3 \end{array}\right\} \tag{5-12}$$

$M$ 和 $N$ 两点间的距离为：

$$l_{MN} = \sqrt{(x_N - x_M)^2 + (y_N - y_M)^2} \tag{5-13}$$

将式（5-12）的上、下两式移项平方后相加，整理后可得：

$$a\sin\varphi_2 + b\cos\varphi_2 = c \tag{5-14}$$

$$a = 2l_2(y_N - y_M)$$

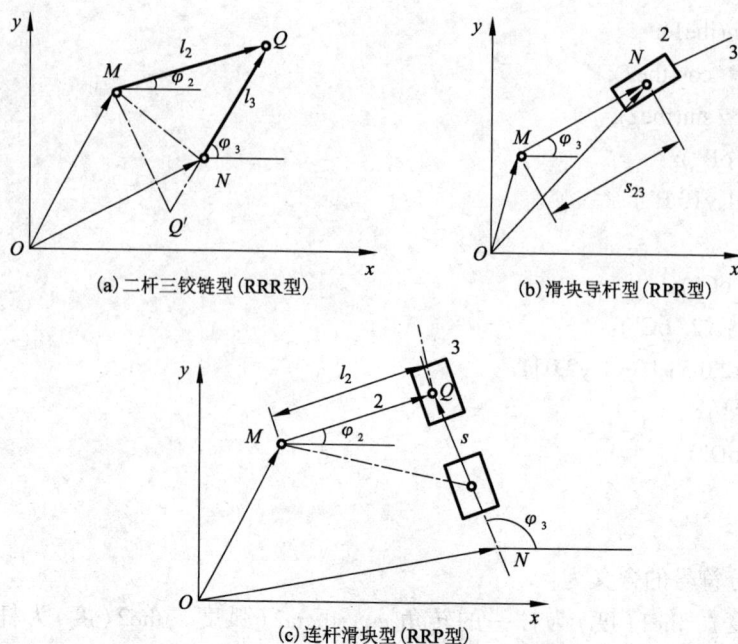

图 5-8　二杆三铰链型 II 级杆组分析

$$b = 2l_2(x_N - x_M)$$
$$c = l_2^2 + l_{MN}^2 - l_3^2$$

为了用代数法解 $\varphi_2$，将式(5-13)改为正切函数方程：

$$(b+c)\tan^2\frac{\varphi_2}{2} - 2a\tan\frac{\varphi_2}{2} - (b-c) = 0$$

$$\varphi_2 = 2\arctan\frac{a \pm \sqrt{a^2 + b^2 - c^2}}{b+c} \qquad (5-15)$$

上式中，$\varphi_2$ 值有两个解，表示杆组可以有两种装配形式：当根式前取正号时，$M$、$Q$、$N$ 三点绕转方向始终为顺时针；当根式前取负号时，$M$、$Q$、$N$ 三点绕转方向始终为逆时针，如图 5-8(a) 中双点画线所示。$Q$ 点的坐标为：

$$\left.\begin{array}{l} x_Q = x_M + l_2\cos\varphi_2 \\ y_Q = y_M + l_2\sin\varphi_2 \end{array}\right\} \qquad (5-16)$$

$$\varphi_2 = \arctan\frac{y_Q - y_N}{x_Q - x_N} \qquad (5-17)$$

①速度分析。

将式(5-12)的上、下两式对时间求导，整理后可得：

$$-(y_Q - y_M)\omega_2 + (y_Q - y_N)\omega_3 = \dot{x}_N - \dot{x}_M$$
$$(x_Q - x_M)\omega_2 - (x_Q - x_N)\omega_3 = \dot{y}_N - \dot{y}_M$$

$$\omega_2=\frac{(\dot{x}_N-\dot{x}_M)(x_Q-x_N)+(\dot{y}_N-\dot{y}_M)(y_Q-y_N)}{(y_Q-y_N)(x_Q-x_M)-(y_Q-y_M)(x_Q-x_N)}$$
$$\omega_3=(\frac{\dot{x}_N-\dot{x}_M)(x_Q-x_M)+(\dot{y}_N-\dot{y}_M)(y_Q-y_M)}{(y_Q-y_N)(x_Q-x_M)-(y_Q-y_M)(x_Q-x_N)}$$
$$(5-18)$$

将式(5-16)对时间求导,得 $Q$ 点的速度为:

$$\dot{x}_Q=\dot{x}_M-\omega_2(y_Q-y_M)$$
$$\dot{y}_Q=\dot{y}_M+\omega_2(x_Q-x_M)$$
$$(5-19)$$

②加速度分析。

通过对已知点的位移、速度求导并整理后可得:

$$a_2=\frac{E(x_Q-x_N)+F(y_Q-y_N)}{(x_Q-x_M)(y_Q-y_N)-(x_Q-x_N)(y_Q-y_M)}$$
$$a_3=\frac{E(x_Q-x_M)+F(y_Q-y_M)}{(x_Q-x_M)(y_Q-y_N)-(x_Q-x_N)(y_Q-y_M)}$$
$$(5-20)$$

$Q$ 点的加速度为:

$$\ddot{x}_Q=\ddot{x}_M-\omega_2^2(x_Q-x_M)-\alpha_2(y_Q-y_M)$$
$$\ddot{y}_Q=\ddot{y}_M-\omega_2^2(y_Q-y_M)+\alpha_2(x_Q-x_M)$$
$$(5-21)$$

(2)滑块导杆型Ⅱ级杆组(RPR 型)。

如图 5-8(b)所示,已知转动副中心点 $M$ 和 $N$ 的位置 $(x_M,y_M)$ 和 $(x_N,y_N)$、速度 $(\dot{x}_M,\dot{y}_M)$ 和 $(\dot{x}_N,\dot{y}_N)$、加速度 $(\ddot{x}_M,\ddot{y}_M)$ 和 $(\ddot{x}_N,\ddot{y}_N)$,求杆3(即滑块2)的角位移 $\varphi_3$、角速度 $\omega_3$、角加速度 $\alpha_3$ 以及滑块2相对杆3的位移 $s_{23}$、速度 $v_{23}$、加速度 $a_{23}$。

在如图 5-8(b)所示的 $xOy$ 坐标系中,由矢量三角形 $OMN$ 可写出矢量方程式:

$$ON=OM+MN$$

将上式中的各矢量投影到 $x$、$y$ 轴上可得:

$$x_N=x_M+l_{MN}\cos\varphi_3=x_M+s_{23}\cos\varphi_3$$
$$y_N=y_M+l_{MN}\sin\varphi_3=y_M+s_{23}\sin\varphi_3$$
$$(5-22)$$

由式(5-22)解得:

$$\varphi_3=\arctan\frac{y_N-y_M}{x_N-x_M}$$
$$(4-23)$$

$$s_{23}=\sqrt{(x_N-x_M)^2+(y_N-y_M)^2}$$
$$(5-24)$$

将式(5-22)的上、下两式分别对时间一次求导,联立解得:

$$\omega_3=\frac{\cos\varphi_3(\dot{y}_N-\dot{y}_M)-\sin\varphi_3(\dot{x}_N-\dot{x}_M)}{s_{23}}$$
$$(5-25)$$

$$v_{23}=\sin\varphi_3(\dot{y}_N-\dot{y}_M)+\cos\varphi_3(\dot{x}_N-\dot{x}_M)$$
$$(5-26)$$

将式(5-22)的上、下两式分别对时间二次求导,联立解得:

$$\alpha_3=\frac{E\cos\varphi_3-F\sin\varphi_3}{s_{23}}$$

$$a_{23}=E\sin\varphi_3+F\cos\varphi_3$$
$$(5-27)$$

式中:$E=\ddot{y}_N-\ddot{y}_M-2v_{23}\omega_3\cos\varphi_3+s_{23}\omega_3^2\sin\varphi_3$;$F=\ddot{x}_N-\ddot{x}_M+2v_{23}\omega_3\sin\varphi_3+s_{23}\omega_3^2\cos\varphi_3$。

(3)连杆滑块型Ⅱ级杆组(RRP 型)。

如图 5-8(c)所示,已知杆 2 的长度 $l_2$、转动副中心点 $M$ 的位置 $(x_M, y_M)$、速度 $(\dot{x}_M, \dot{y}_M)$、加速度 $(\ddot{x}_M, \ddot{y}_M)$,导路上某一点 $N$ 的位置 $(x_N, y_N)$、速度 $(\dot{x}_N, \dot{y}_N)$、加速度 $(\ddot{x}_N, \ddot{y}_N)$,导路的角位移 $\varphi_3$、角速度 $\omega_3$、角加速度 $\alpha_3$,以及滑块 3 的位移 $s$、速度 $v^\tau$、加速度 $a^\tau$。

如图 5-8(c)所示的 $xOy$ 坐标系和矢量多边形 $OMQN$,可得 $Q$ 点的矢量方程:

$$OQ = OM + MQ = ON + NQ$$

将上式中的各矢量投影到 $x,y$ 坐标轴上可得:

$$\left.\begin{array}{l} x_M + l_2\cos\varphi_2 = x_N + s\cos\varphi_3 \\ y_M + l_2\sin\varphi_2 = y_N + s\sin\varphi_3 \end{array}\right\} \tag{5-28}$$

求得:

$$s = \frac{-B_1 \pm \sqrt{B_1^2 - 4B_2}}{2} \tag{5-29}$$

$$\varphi_2 = 2\arccos\frac{x_N - x_M + s\cos\varphi_3}{l_2} \tag{5-30}$$

式中:$B_1 = 2(x_N - x_M)\cos\varphi_3 + 2(y_N - y_M)\sin\varphi_3$;$B_2 = x_N^2 + x_M^2 + y_N^2 + y_M^2 - 2x_N x_M - 2y_N y_M - l_2^2$。

在式(5-29)中,$s$ 有两个解,表示杆 2 有两种装配方式:根式前取正号时,为图 5-8(c)中的实线位置;根式前取负号时,为双点画线位置。

将式(5-28)的上、下两式分别对时间一次求导,联立解得:

$$v^\mathrm{T} = \frac{-B_3\cos\varphi_2 - B_4\sin\varphi_2}{B_5} \tag{5-31}$$

$$\omega_2 = \frac{-B_3\sin\varphi_3 - B_4\cos\varphi_3}{l_2 B_5} \tag{5-32}$$

式中:$B_3 = \dot{x}_N - \dot{x}_M - s\omega_3\sin\varphi_3$;$B_4 = \dot{y}_N - \dot{y}_M + s\omega_3\cos\varphi_3$;$B_5 = \cos(\varphi_3 - \varphi_2)$。

将式(5-28)的上、下两式分别对时间二次求导,联立解得:

$$a^\mathrm{T} = \frac{-B_6\sin\varphi_2 - B_7\cos\varphi_2}{B_5} \tag{5-33}$$

$$\alpha_2 = \frac{B_6\cos\varphi_3 - B_7\sin\varphi_3}{l_2 B_5} \tag{5-34}$$

式中:$B_6 = y_N - y_M + l_2\omega_2^2\sin\varphi_2 - s\omega_3^2\sin\varphi_3 + s\alpha_3\cos\varphi_3 + 2v^2\omega_3\cos\varphi_3$;$B_7 = x_N - y_N + l_2\omega_2^2\cos\varphi_2 - s\omega_3^2\cos\varphi_3 - s\alpha_3\sin\varphi_3 - 2v^2\omega_3\sin\varphi_3$。

上述内容只作了三种基本杆组的分析。设计过程中若遇到其他类型的基本杆组,可以用类似的方法进行分析编程。目前常用的基本杆组的运动分析过程已编成了各种语言的子程序,需要时可直接调用。

## 5.2.2 用解析法对平面机构进行受力分析

机构力分析的解析法有多种,其共同特点都是根据力的平衡条件列出机构所受各力之间的关系式,然后求解。

根据力的平衡条件建立矢量方程式 $\sum F = 0$ 和 $\sum M = 0$,然后代入已知数据,求解各运动副中的反力,然后求未知平衡力或平衡力矩。现以如图 5-9 所示的四杆机构为例,对其受力进行分析讨论。

设力 $F$ 为作用于构件 2 上 $E$ 点处的已知外力(包括惯性力),$M_t$ 为作用于构件 3 上的已知阻力矩。现要求确定各个运动副中的反力及加于原动件 1 上的平衡力矩心 $M_b$。

建立如图 5-9 所示的坐标系,标出各杆矢量及方位角;再设各运动副中的反力为:

$$\boldsymbol{R}_A = \boldsymbol{R}_{41} = -\boldsymbol{R}_{14} = \boldsymbol{R}_{41x} + \boldsymbol{R}_{41y}$$
$$\boldsymbol{R}_B = \boldsymbol{R}_{12} = -\boldsymbol{R}_{21} = \boldsymbol{R}_{12x} + \boldsymbol{R}_{12y}$$
$$\boldsymbol{R}_C = \boldsymbol{R}_{23} = -\boldsymbol{R}_{32} = \boldsymbol{R}_{23x} + \boldsymbol{R}_{23y}$$
$$\boldsymbol{R}_D = \boldsymbol{R}_{34} = -\boldsymbol{R}_{43} = \boldsymbol{R}_{34x} + \boldsymbol{R}_{34y}$$

分析时,先求运动副反力,再求平衡力或平衡力矩。求运动副反力时,总是从"首解运动副"开始。所谓"首解副"是指组成该运动副的两个构件上承受的所有外力、外力矩均为已知。其他运动副中的反力可以通过首解副中的反力依次求得。在如图 5-9 所示的四杆机构中,运动副 $C$ 为"首解副"。

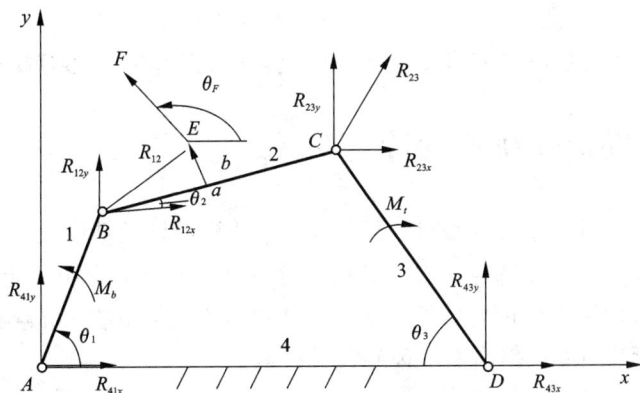

**图 5-9　解析法对平面机构进行力分析**

(1)求 $R_C$(即 $R_{23}$ 或者 $R_{32}$)。取构件 3 为分离体,将诸力对 $D$ 点取矩,则有:

$$\sum \boldsymbol{M}_D = 0, \quad CD \times R_{23} - M_r = 0$$
$$-l_3 R_{23x} \sin \theta_3 - l_3 R_{23y} \cos \theta_3 - M_r = 0 \tag{5-35}$$

同理,取构件 2 为分离件,并将诸力对 $B$ 点取矩,则有:

$$\sum \boldsymbol{M}_B = 0, \quad BC \times R_{23} + (a+b) \times F = 0$$
$$l_2 R_{23x} \sin \theta_2 - l_2 R_{23y} \cos \theta_2 + aF \sin(\theta_2 - \theta_F) + bF \cos(\theta_2 - \theta_F) = 0 \tag{5-36}$$

即:

$$\sum F_x = 0, \quad R_{12x} = R_{23x} - F \cos \theta_F$$
$$\sum F_y = 0, \quad R_{12y} = R_{23y} - F \sin \theta_F$$

联立式(5-35)和式(5-36)并解得:

$$R_{23x} = \frac{1}{\sin(\theta_2 + \theta_3)} \left\{ -\frac{M_r \cos \theta_2}{l_3} - \frac{F \cos \theta_3}{l_2} \left[ a \sin(\theta_2 - \theta_F) + b \cos(\theta_2 - \theta_F) \right] \right\}$$

$$R_{23y} = \frac{1}{\sin(\theta_2 + \theta_3)} \left\{ -\frac{M_t \sin \theta_2}{l_3} + \frac{F \sin \theta_3}{l_2} \left[ a \sin(\theta_2 - \theta_F) + b \cos(\theta_2 - \theta_F) \right] \right\}$$

(2)求 $R_D$（即 $R_{34}$ 或者 $R_{43}$）。根据构件 3 上诸力的平衡条件 $\sum F = 0$，得：

$$R_{43} = -R_{23}$$

(3)求 $R_B$（即 $R_{12}$ 或者 $R_{21}$）。根据构件 2 上诸力的平衡条件 $\sum F = 0$，得：

$$R_{12} + R_{32} + F = 0$$

即：

$$\sum F_x = 0, \quad R_{12x} = R_{23x} - F\cos\theta_F$$

$$\sum F_y = 0, \quad R_{12y} = R_{23y} - F\sin\theta_F$$

$$R_{12} = R_{12x} + R_{12y}$$

(4)求 $R_A$（即 $R_{41}$ 或者 $R_{14}$）。同理，根据构件 1 上诸力的平衡条件 $\sum F = 0$，得：

$$R_{41} = R_{12}$$

而

$$\sum M_b = AB \cdot R_{21} = -l_1 R_{21x}\sin\theta_1 + l_1 R_{21y}\cos\theta_1$$

至此，机构的受力分析已经完毕。上述方法很容易推广应用于多杆机构。

# 5.3 计算机辅助齿轮机构设计

齿轮传动的整体设计包括强度设计、几何设计、结构设计及精度设计等。齿轮传动的几何设计问题即渐开线圆柱齿轮的轮齿部分几何尺寸计算。鉴于渐开线非变位齿轮或直齿圆柱齿轮属于渐开线变位斜齿圆柱齿轮特例，仅需使公式中的变位系数 $x$ 和螺旋角 $\beta$ 分别为零即可，本节重点讨论渐开线变位斜齿圆柱齿轮设计问题。

## 5.3.1 齿轮机构几何设计要求及其设计步骤

### 1.齿轮机构几何设计的要求
(1)在给定的条件下，以满足一定的传动质量指标为目的进行齿轮机构的几何计算。
(2)在已计算的前提下，能以几何图形表示出所设计的一对齿轮的啮合情况，即绘制轮齿啮合图。

对于齿轮机构的设计问题，按给定的数据不同，常分以下三种类型：①非限定中心距的设计；②限定中心距的设计；③给定传动比而又限定中心距的设计。

第一类设计问题：非限定中心距的设计。这类问题的已知参数为：两轮的齿数 $z_1$、$z_2$，模数 $m_n$，压力角 $\alpha$，齿顶高系数 $h^*$ 及螺旋角 $\beta$。

第二类设计问题：限定中心距的设计。这类问题的已知参数为：两轮的齿数 $z_1$、$z_2$，模数 $m_n$，压力角 $\alpha$，齿顶高系数 $h^*$，传动中心距 $a$ 及螺旋角 $\beta$。在设计齿轮变速箱或系列齿轮减速机时，中心距常常是被限定的。

第三类设计问题：给定传动比而又限定中心距的设计。这类问题与第二类设计问题相似，给定传动比而未给出齿数，已知参数为：传动比 $i$，模数 $m_n$，压力角 $\alpha$，齿顶高系数 $h^*$ 及传动中心距 $a$。

**2. 齿轮机构设计问题的基本步骤**

(1) 对于第一类设计问题的设计步骤。

1) 选择传动类型。按一对齿轮变位系数之和 $x_{t1}+x_{t2}$ 的值大于零、等于零和小于零的不同情况，变位齿轮传动分别称为正传动、零传动和负传动。

正传动具有强度高、磨损小且机构尺寸紧凑等优点，应该优先选用。当 $z_1+z_2<2z_{min}$ 时，为防止齿轮发生根切，则必须选用正传动。

对于希望采用标准中心距的直齿圆柱齿轮传动，只要满足 $z_1+z_2\geqslant2z_{min}$ 的条件，常采用等移距变位传动。若希望有良好的互换性，$z_1$、$z_2$ 均又大于 $z_{min}$，则优先选用标准齿轮传动。

负传动具有强度低、磨损严重、尺寸大等缺点，除中心距有特殊要求外，一般避免采用。

2) 确定齿轮的变位系数。

3) 按无侧隙啮合方程式计算端面啮合角 $\alpha_t'$:

$$\mathrm{inv}\,\alpha_t'=\frac{2(x_{t1}+x_{t2})}{z_1+z_2}\tan\alpha_t+\mathrm{inv}\,\alpha_t \tag{5-37}$$

4) 按表 5-1 或表 5-2 所列公式计算两轮的几何尺寸。

5) 验算齿轮传动的限制条件。

(2) 对于第二类设计问题的设计步骤。

1) 按给定实际中心距 $a$ 计算啮合角 $\alpha_t'$:

$$\cos\alpha_t'=\frac{a}{a'}\cos\alpha_t \tag{5-38}$$

2) 计算两轮变位系数和，并作适当分配:

$$x_{t1}+x_{t2}=\frac{z_1+z_2}{2\tan\alpha_t}(\mathrm{inv}\,\alpha_t'-\mathrm{inv}\,\alpha_t) \tag{5-39}$$

变位系数分配按照对传动的要求进行，如等滑动系数、等弯曲强度要求等。在一般情况下，小齿轮的变位系数应大于大齿轮的变位系数。

3) 由表 5-1 和表 5-2 所列公式计算两轮的几何尺寸。

4) 验算齿轮传动的限制条件。

(3) 对于第三类设计问题的设计步骤。

1) 按给定的传动比 $i$ 确定两轮的齿数。利用直齿轮的计算公式:

$$z_1\approx\frac{2a}{m_n(i+1)};\ z_2=iz_1 \tag{5-40}$$

求得 $z_1$、$z_2$，再将 $z_1$、$z_2$ 圆整，圆整时应取齿数比 $u=z_2/z_1$ 给定传动比 $i$ 误差较小的一对齿数方案。

2) 此后的步骤与限定中心距的设计步骤相同。

## 5.3.2　渐开线标准直齿圆柱齿轮设计

作为标准直齿圆柱齿轮，其设计问题和步骤如前所述，不需确定变位系数 $x$ 和螺旋角 $\beta$（$x=0$，$\beta=0$），几何设计公式见表 5-1。

表 5-1 渐开线标准直齿圆柱齿轮主要几何尺寸的计算公式

| 名称 | 符号 | 计算公式 | |
|---|---|---|---|
| | | 小齿轮 | 大齿轮 |
| 模数 | $m$ | 选取标准值 | |
| 压力角 | $\alpha$ | 选取标准值 | |
| 分度圆直径 | $d$ | $d_1 = mz_1$ | $d_2 = mz_2$ |
| 齿高 | $h$ | $h = (2h_a^* + c^*)m$ | |
| 齿顶圆直径 | $d_a$ | $d_{a1} = (z_1 + 2h_a^*)m$ | $d_{a2} = (z_2 + 2h_a^*)m$ |
| 齿根圆直径 | $d_f$ | $d_{f1} = (z_1 - 2h_a^* - 2c^*)m$ | $d_{f2} = (z_2 - 2h_a^* - 2c^*)m$ |
| 基圆直径 | $d_b$ | $d_{b1} = d_1 \cos\alpha = mz_1 \cos a$ | $d_{b1} = d_1 \cos\alpha = mz_1 \cos a$ |
| 节圆直径 | $d'$ | 标准安装时 $d' = d$ | |
| 齿距 | $-p$ | $p = \pi m$ | |
| 齿厚 | $s$ | $s = \dfrac{\pi m}{2}$ | |
| 齿槽宽 | $e$ | $e = \dfrac{\pi m}{2}$ | |
| 顶隙 | $c$ | $c = c^* m$ | |
| 重合度 | $\varepsilon$ | $\varepsilon = \dfrac{1}{2\pi}\left[ z_1(\tan\alpha_{a1} - \tan\alpha') + z_2(\tan\alpha_{a2} - \tan\alpha') \right]$ | |
| 标准中心距 | $a$ | $a = \dfrac{1}{2}(d_1 + d_2) = \dfrac{(z_1 + z_2)m}{2}$ | |

### 5.3.3 渐开线标准斜齿圆柱齿轮设计

渐开线斜齿圆柱齿轮的主要传动参数及其相关几何尺寸公式见表 5-2。

表 5-2 标准斜齿圆柱齿轮传动的参数和几何尺寸计算

| 端面模数 | $m_t$ | $m_t = \dfrac{m_n}{\cos\beta}$，$m_n$ 为标准值 |
|---|---|---|
| 螺旋角 | $\beta$ | $\beta = 8° \sim 20°$ |
| 端面压力角 | $\alpha_t$ | $\alpha_t = \arctan\dfrac{\tan\alpha_n}{\cos\beta}$，$\alpha_n$ 为标准值 |
| 分度圆直径 | $d_1$，$d_2$ | $d_1 = m_t z_1 = \dfrac{m_n z_1}{\cos\beta}$，$d_2 = m_t z_2 = \dfrac{m_n z_2}{\cos\beta}$ |
| 齿顶高 | $h_a$ | $h_a = m_n$ |
| 齿根高 | $h_f$ | $h_f = 1.25 m_n$ |

续表5-2

| 全齿高 | $h$ | $h = h_a + h_f = 2.25m_n$ |
|---|---|---|
| 顶隙 | $c$ | $c = h_f - h_a = 0.25m_n$ |
| 齿高系数 | | $h_{at}^* = h_{an}^* \cos\beta$ |
| 变位系数 | | $x_t = x_n \cos\beta$ |
| 顶隙系数 | | $c_t^* = c_n^* \cos\beta$ |
| 齿顶圆直径 | $d_{a1}$，$d_{a2}$ | $d_{a1} = d_1 + 2h_a \qquad d_{a2} = d_2 + 2h_a$ |
| 齿根圆直径 | $d_{f1}$，$d_{f2}$ | $d_{f1} = d_1 - 2h_f \qquad d_{f2} = d_2 - 2h_f$ |
| 节圆直径 | $d_t$ | $d_t = d_t \dfrac{\cos\alpha}{2\cos\alpha'}$ |
| 分度圆齿距 | $p_t$ | $p_t = \pi m_t$ |
| 分度圆弧齿厚 | $s$ | $s = (\pi/2 + 2x_t \tan\alpha_t)m_t$ |
| 中心距 | $a$ | $a = \dfrac{d_1 + d_2}{2} = \dfrac{m_t}{2}(z_1 + z_2) = \dfrac{m_n(z_1 + z_2)}{2\cos\beta}$ |
| 公法线跨测齿数 | $K$ | $K = 1/\pi(z_v' \alpha_n + 2x_n/\tan\alpha_n) + 1.0$（舍小数）<br>$z_v' = \mathrm{inv}\,\alpha_t / \mathrm{inv}\,\alpha_t \cdot z$（假想齿数） |
| 公法线长度 | $W$ | $W = m_n \cos\alpha_n [\pi(K - 0.5)zmv\alpha_t] + 2x_n$ |

## 5.3.4　变位齿轮设计中变位系数的选择

**1. 变位系数的选择原则**

变位齿轮传动的优点能否充分发挥，在很大程度上取决于变位系数的选择是否合理。根据齿轮传动的不同工况，选择变位系数应遵循以下原则。

（1）最高接触强度原则。

对于润滑良好的闭式齿轮传动，其齿面为软齿面（硬度＜350 HBS），齿面接触强度比较低。因此，在许可范围内采用大的变位系数和（$x_\Sigma = x_1 + x_2$），以增大综合曲率半径，降低齿面接触应力，提高接触强度。

（2）等弯曲强度原则。

闭式齿轮传动的轮齿若为硬齿面（≥350 HBS），其破坏的主要形式是弯曲疲劳折断。选择变位系数时应力求提高弯曲强度较低的齿轮的齿根厚度，使得两轮齿根弯曲强度趋于相等。

（3）等滑动系数原则。

开式齿轮传动中齿面磨损严重，高速、重载齿轮传动中齿面易产生胶合破坏。因此，变位系数应使齿轮获得较小的齿面滑动，并使两轮根部的滑动系数相等。

（4）最好平稳性原则。

对于高速传动、重载传动、精密传动（仪器仪表），要求齿轮啮合平稳或精确。因此，选变位系数应使重合度 $\varepsilon_\alpha$ 获得尽可能大的值。

**2. 选择变位系数的限制条件**

根据不同的工作条件和工作要求，按照不同原则选择变位系数时，应受到如下条件的限制。

(1)齿轮根切对变位系数的限制。

当齿数 $z \leqslant z_{min}$ 的标准齿轮将发生根切。对于直齿轮和斜齿轮，用齿条形刀具加工标准齿轮不产生根切的最小齿数 $z_{min}$ 分别为：

直齿：

$$z_{min} = \frac{2h_a^*}{\sin^2 \alpha} \tag{5-41}$$

斜齿：

$$z_{min} = \frac{2h_{an}^* \cos \beta}{\sin^2 \alpha_t} \tag{5-42}$$

式中：$h_{an}^*$、$\beta$ 和 $\alpha_t$ 分别为斜齿轮的法面齿顶高系数、分度圆柱上的螺旋角和端面压力角。

当切制变位量不够大的正变位齿轮(当 $z<z_{min}$)和变位量过大的负变位齿轮(当 $z>z_{min}$)时也会发生根切。这种不使变位齿轮产生根切的变位系数的最小值称为最小变位系数，以 $x_{min}$ 表示，即

$$x_{min} = \frac{h_a^*(z_{min} - z)}{z_{min}} \tag{5-43}$$

$$x \geqslant h_a^* - \frac{z}{2} \sin^2 \alpha \tag{5-44}$$

应使：

$$x \geqslant x_{min} \tag{5-45}$$

(2)齿轮齿顶变尖对变位齿轮的限制。

随着变位系数 $x$ 的增大，齿形会逐渐变尖。为了保证齿顶的强度，要求齿顶 $s_a \geqslant 0.25 \, m$，齿轮材料组织均匀的取下限，齿面经硬化处理的取上限。如果不满足这一条件时，应适当地减小变位系数，重新进行设计。齿顶厚：

$$s_d = s \frac{r_a}{r} - 2r_a(\text{inv} \, a_a - \text{inv} \, a) \tag{5-46}$$

式中：$r$ 为分度圆半径；$a$ 为分度圆上的压力角，一般 $\alpha = 20°$。

分度圆上的齿厚：

$$s = \frac{\pi m}{2} + 2xm\tan \alpha \tag{5-47}$$

(3)重合度对变位系数的限制

齿轮的重合度 $\varepsilon$ 随着变位系数的增大而减小。选样变位系数时，应保证齿轮传动的重合度大于等于许用重合度 $[\varepsilon]$。设 $\varepsilon_\alpha$ 为端面重合度，$\varepsilon_\beta$ 为斜齿轮的轴面重合度，则对于直齿圆柱齿轮传动，一般应使 $\varepsilon = \varepsilon_\alpha \geqslant 1.2$；对于斜齿圆柱齿轮传动，一般应使 $\varepsilon = \varepsilon_\alpha + \varepsilon_\beta \geqslant 2$。$\varepsilon_\alpha$ 的计算公式为：

$$\varepsilon_\alpha = \frac{1}{2\pi} \left[ z_1 \left( \tan \alpha_{a_1} - \tan \alpha' \right) + z_2 \left( \tan \alpha_{a_2} - \tan \alpha' \right) \right]$$

$$\alpha_{a1} = \arccos \left( r_{b_1}/r_{a_1} \right) \tag{5-48}$$

$$\alpha_{a2} = \arccos \left( r_{b_2}/r_{a_2} \right)$$

式中：$\alpha'$ 为啮合角。

若为斜齿轮，求端面重合度 $\varepsilon_\alpha$ 时应将其端面参数带入式(5-48)。斜齿轮的轴面重合度：

$$\varepsilon_\beta = B \sin \beta / (\pi m_n) \tag{5-49}$$

式中：$B$ 为斜齿轮齿宽；$\beta$ 为斜齿轮分度圆柱上的螺旋角；$m_n$ 为斜齿轮法面模数。

(4)过渡曲线不发生干涉限制。

一对齿轮啮合传动，当一齿轮的齿顶与另一齿轮根部的过渡曲线接触时，不能保证其传动比为常数，此情况称为过渡曲线干涉。为避免这种过渡曲线干涉，必须保证齿轮的工作齿廓的边界点不得超过齿廓上的渐开线的起始点。

用齿条型刀具加工的齿轮，小齿轮齿根和大齿轮不发生干涉的条件为：

小齿轮：

$$\tan \alpha' - \frac{z_2}{z_1} \left( \tan \alpha_{s_2} - \tan \alpha' \right) \geqslant \tan \alpha - \frac{4(h_s^* - x_1)}{z_1 \sin 2\alpha} \tag{5-50}$$

大齿轮：

$$\tan \alpha' - \frac{z_1}{z_2} \left( \tan \alpha_{s_1} - \tan \alpha' \right) \geqslant \tan \alpha - \frac{4(h_s^* - x_1)}{z_2 \sin 2\alpha} \tag{5-51}$$

式中：$\alpha$ 为分度圆压力角；$\alpha'$ 为啮合角；$\alpha_{s1}$、$\alpha_{s2}$ 为两个齿轮的齿顶圆压力角。

常用变位齿轮传动计算公式见表 5-3。

### 表 5-3　变位齿轮传动计算公式

| 名称 | 符号 | 等移位变位齿轮 | 不等移位变位齿轮 |
|---|---|---|---|
| 变位系数 | $x$ | $x_1 + x_2 = 0$ | $x_1 + x_2 \neq 0$ |
| 节圆直径 | $d'$ | $d_1' = d_1 = z_1 m$ <br> $d_2' = d_2 = z_2 m$ | $d_1' = d_1 \dfrac{\cos \alpha}{\cos \alpha'}$ <br> $d_2' = d_2 \dfrac{\cos \alpha}{\cos \alpha'}$ |
| 啮合角 | $\alpha'$ | $\alpha' = \alpha$ | $\cos \alpha' - \dfrac{\alpha}{\alpha'} \cos \alpha$ |
| 齿根圆直径 | $d_f$ | $d_{f1} = (z_1 - 2h_a^* - 2c^* + 2x_1) m$ <br> $d_{f2} = (z_2 - 2h_a^* - 2c^* + 2x_2) m$ | |
| 齿顶圆直径 | $d_a$ | $d_{a1} = (z_1 + 2h_a^* + 2x_1) m$ <br> $d_{a2} = (z_2 + 2h_a^* + 2x_2) m$ | $d_{a1} = a' - d_{f2} - c^* m$ <br> $d_{a2} = a' - d_{f1} - c^* m$ |
| 中心距 | $a$ | $a = \dfrac{1}{2} (d_1 + d_2)$ | $a = \dfrac{1}{2} (d_1' + d_2')$ |

### 3. 选择齿轮变位系数的方法

工程上常用的变位系数选择方法有图表法、封闭图法和计算机编程计算法等。下面简单介绍一下计算机编程计算法选择齿轮的变位系数。

通过计算机编程计算，可得到需要的变位系数。其优点是精确度高，程序一旦调试通过，选择变位系数的速度快，改变参数也很方便。其缺点是从建立数学模型、设计框图、编制程序到上机调试通过，需要的工作量比其他方法大。此外，变位系数的选择还受到许多传动质量的限制，在设计程序时应考虑到这些问题。现以按照抗胶合及抗磨损最有利选择变位系数为例说明其过程。

首先，先建立数学模型。根据抗胶合和抗磨损最有利的质量指标选择变位系数的问题，一般认为应使啮合齿在开始啮合时主动齿轮齿根处的滑动系数 $\eta_1$ 与啮合终了时从动齿轮齿根处的滑动系数 $\eta_2$ 相等，即

$$\eta_1 = \eta_2 \tag{5-52}$$

根据滑动系数是滑动弧与齿廓所走过弧长之比的极限的概念，以及一对齿轮开始啮合点是主动轮的齿根和从动轮齿顶相接触、啮合终了时是主动轮的齿顶和从动轮的齿根相接触，经适当推导可得 $\eta_1$ 和 $\eta_2$ 的计算公式分别为：

$$\eta_1 = \frac{\tan\alpha_{a_2} - \tan\alpha'}{(1 + z_1/z_2)\tan\alpha' - \tan\alpha_{a_2}}(1 + z_1/z_2) \tag{5-53}$$

$$\eta_2 = \frac{\tan\alpha_{a_1} - \tan\alpha'}{(1 + z_1/z_2)\tan\alpha' - \tan\alpha_{a_1}}(1 + z_2/z_1) \tag{5-54}$$

当齿轮传动的实际中心距 $a_1$ 由结构或其他条件给定时，啮合角为：

$$\alpha' = \arctan\left(\frac{\sqrt{1 - (a\cos\alpha/a_1)^2}}{a\cos\alpha/a_1}\right) \tag{5-55}$$

式中：$\alpha$ 为分度圆上的压力角；$a$ 为标准中心距。

两轮的变位系数之和 $x_\Sigma$ 可由无侧隙啮合方程式导出：

$$x_\Sigma = x_1 + x_2 = \frac{z_1 + z_2}{2\tan\alpha}(\tan\alpha' - \alpha' - \tan\alpha + \alpha) \tag{5-56}$$

当求 $\alpha_{a_1}$ 和 $\alpha_{a_2}$ 时，用到齿顶圆半径 $r_{a_1} + r_{a_2}$ 可用下式求出：

$$r_{a_i} = r_i + (h_a^* + x_i - \sigma)m, \quad i = 1, 2 \tag{5-57}$$

式中齿顶高降低系数 $\sigma$ 及求 $\sigma$ 时用到的分度圆分离系数 $y$ 可用式(5-81)求出：

$$\left.\begin{aligned} \sigma &= x_\Sigma - y \\ y &= (a_1 - a)/m \end{aligned}\right\} \tag{5-58}$$

由此可知，两轮齿根的滑动系数 $\eta_1$、$\eta_2$ 与两轮的变位系数有关。在实际中心距 $a'$ 给定的情况下，$x_1$ 与 $x_2$ 两个变位系数中仅有一个是独立的。若取 $x_1$ 为独立变量，则 $\eta_1$ 和 $\eta_2$ 两个齿根滑动系数均是 $x_1$ 的函数。令：

$$f(x_1) = \eta_1 - \eta_2 \tag{5-59}$$

则使两轮齿根滑动系数相等的问题成为以 $x_1$ 为变量求方程(5-59)的根的问题。

60

解非线性方程，除了可用 Newton-Raphson 法求根外，还可用黄金分割法（即 0.618 法）求根。该方法的原理如图 5-10 所示。设有单调函数 $f(x)$ 在已知区间 $[A_0, B_0]$ 内有根，其根的求法为：

(1)取 $[A_0, B_0]$ 区间的 0.618 点入作为根 $x^*$ 的近似值，则：

$$x_1 = A_0 + 0.618(B_0 - A_0)$$

(2)求出误差 $\delta = f(x_1)$。

(3)如果 $|\delta|$ 小于要求的精度，则 $x_1$ 即为所求并输出；如果 $\delta > 0$，则将 $A_0$ 用 $x_1$ 代替；如果 $\delta < 0$，则将 $B_0$ 用 $x_1$ 代替。然后回到第(1)步，求出新的 $[A_0, B_0]$ 区间的 0.618 点，依次进行下去，直到符合要求为止。

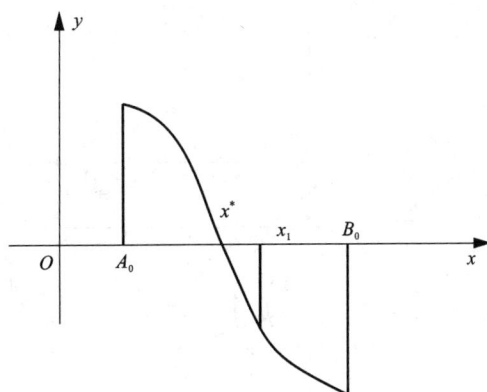

图 5-10　黄金分割法

(4)此处，用 0.618 法求根的区间为 $[-3, 5]$。主动轮根切对变位系数的限制在求根的过程中加以考虑，而从动轮根切和其他传动质量的限制则需加以检验。

# 5.4　凸轮机构廓线设计

## 5.4.1　用图解法进行凸轮设计

凸轮机构是机械传动中的一种常用机构。通常我们根据使用要求确定了凸轮机构的类型、基本参数以及从动件运动规律后，即可进行凸轮外形轮廓曲线的设计。

**1.凸轮机构设计的主要内容**

凸轮机构由凸轮、从动件和机架三部分组成，结构简单，应用广泛。只要设计出适当的凸轮轮廓曲线，就可以使从动件实现任何预期的运动规律。

凸轮机构设计的内容主要包括：机构类型的决定、封闭形式的选用、从动件运动规律的合理选择、基圆半径的确定、轮廓曲线的设计和轮廓曲率半径的验算等。其中，凸轮的轮廓曲线主要根据从动件的运动规律进行设计，而从动件的运动规律又应根据工作要求选定。

**2.凸轮机构从动件的主要运动规律**

如图 5-11 所示为尖顶从动件盘形凸轮机构。如图 5-11(a)所示凸轮轮廓线上各点的轮廓半径是不相等的，以凸轮轴心为圆心，以凸轮轮廓最小半径作的圆，称为基圆。其半径为基圆半径，用 $r_0$ 表示。当凸轮逆时针方向转动时，图示位置 A 是从动件移动上升的起点。当凸轮从图示位置 A 逆时针匀角速度 $\omega$ 转过 $\delta_0$ 时，由于凸轮向径的逐渐增大而使从动件由最近点上升到最远点，这一过程称为推程，对应凸轮转过的角度 $\delta_0$ 称为推程角。为了方便，从动件在推程中移动的距离 $h$ 定义为升程。当凸轮转过 $\delta_s$ 时，由于凸轮向径不变，因此从动件停留在最远点不动，这一过程称为远休止，对应凸轮转过的角度 $\delta_s$ 称为远休止角。当凸轮转过 $\delta_0'$ 时，由于凸轮向径逐渐减小，因而从动件由最远点返回到最近点，这一过程称为回程。

(a)凸轮机构

(b)从动件位移线图

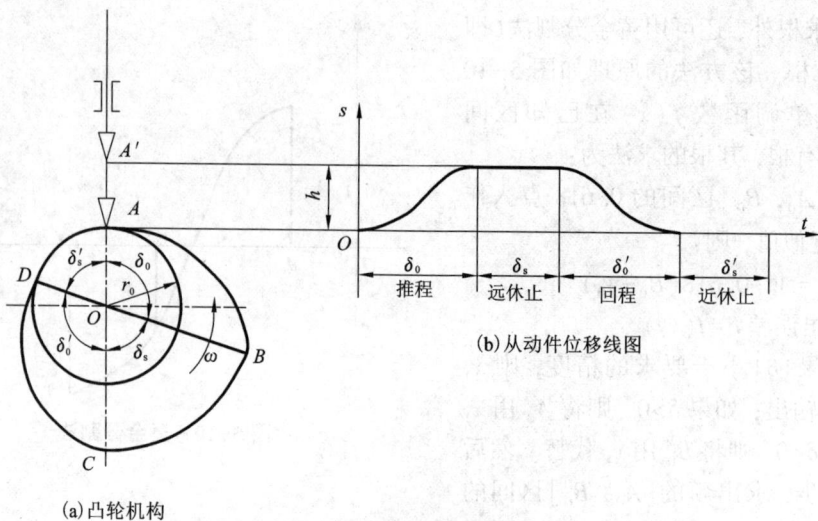

**图 5-11　尖顶从动件盘形凸轮机构**

对应凸轮转过的角度 $\delta_0'$ 称为回程角。当凸轮转过 $\delta_s'$ 时，凸轮向径不变，因此从动件停留在最近点不动，这一过程称为近休止，对应凸轮转过的角度 $\delta_s'$ 称为近休止角。从上述分析可看出，若凸轮逆时针等角速度转动，从动件会重复推程—远休止—回程—近休止的过程，这就是从动件的运动规律。图 5-11(b)是图 5-11(a)所对应凸轮机构的 $s\text{-}\delta$ 曲线即从动件位移线图。从动件(推杆)的运动规律是指从动件的位移 $s$、速度 $v$、加速度 $a$ 与凸轮转角 $\delta$(或时间 $t$)之间的函数关系，它是设计凸轮的重要依据。常用从动件常用运动规律见表 5-4。

**表 5-4　常用从动件运动规律及特点**

| 运动规律 | 推程运动方程 | 推程运动线图 | 特点及适用场合 |
|---|---|---|---|
| 等速运动 | $\left.\begin{array}{l} s=\dfrac{h}{\delta_0}\delta \\[2mm] v=\dfrac{h}{\delta}\omega \\[2mm] a=0 \end{array}\right\}$ |  | 特点：速度曲线连续，故不会产生刚性冲击，但在运动的起始和终止位置加速度值趋近无穷大($\infty$)，故会产生刚性冲击<br>适用场合：低速轻载 |

续表5-4

| 运动规律 | 推程运动方程 | 推程运动线图 | 特点及适用场合 |
|---|---|---|---|
| 等加速等减速运动 | 前半程<br><br>$$s=2h\left(\frac{\delta}{\delta_0}\right)^2$$<br>$$v=4h\omega\left(\frac{\delta}{\delta_0^2}\right)$$<br>$$a=4h\left(\frac{\omega}{\delta_0}\right)^2$$<br><br>后半程<br><br>$$s=h-\frac{2h}{\delta_0^2}(\delta_0-\delta)^2$$<br>$$v=\frac{4h\omega}{\delta_0^2}(\delta_0-\delta)$$<br>$$a=-4h\left(\frac{\omega}{\delta_0}\right)^2$$ | | 特点：速度曲线连续，不会产生刚性冲击；因加速度曲线在运动的起始、中间和终止位置有突变，会产生柔性冲击<br>适用场合：中速轻载 |
| 简谐运动（余弦加速度运动） | $$s=\frac{h}{2}\left[1-\cos\left(\frac{\pi}{\delta_0}\delta\right)\right]$$<br>$$v=\frac{\pi h\omega}{2\delta_0}\sin\left(\frac{\pi}{\delta_0}\delta\right)$$<br>$$a=\frac{\pi^2 h\omega^2}{2\delta_0^2}\cos\left(\frac{\pi}{\delta_0}\delta\right)$$ | | 特点：速度曲线连续无突变，但加速度曲线在运动起始和终止位置有突变，会产生柔性冲击。<br>适用场合：中速中载 |
| 摆线运动（正弦加速度运动） | $$s=h\left[\frac{\delta}{\delta_0}-\frac{1}{2\pi}\cos\left(\frac{2\pi}{\delta_0}\delta\right)\right]$$<br>$$v=\frac{h\omega}{\delta_0}\left[1-\cos\left(\frac{2\pi}{\delta_0}\delta\right)\right]$$<br>$$a=\frac{2\pi h\omega^2}{\delta_0^2}\sin\left(\frac{2\pi}{\delta_0}\delta\right)$$ | | 特点：速度曲线和加速度曲线均连续无突变，故既无刚性冲击也无柔性冲击。<br>适用场合：高速轻载 |

在工程实际中，常会遇到机械对从动件的运动和动力特性有多种要求，而只用一种常用运动规律又难以完全满足这些要求的情况。这时，为了获得更好的运动和动力特性，可把几种常用运动规律组合起来使用。

**3. 从动件运动规律的选取原则**

（1）当工作过程只要求从动件实现一定的工作行程，而对其运动规律无特殊要求时，应考虑所选的运动规律使凸轮机构具有良好的动力特性和加工工艺性能，便于加工。对于低速轻载的凸轮机构应主要考虑加工，选择圆弧、直线等易加工的曲线作凸轮轮廓，这时的动力特性不是主要的。对于高速轻载的凸轮机构首先考虑动力特性，避免产生过大冲击。

（2）当工作过程对从动件的运动规律有特殊要求，而凸轮的转速又不太高时，应首先从满足工作需求出发来选择从动件的运动规律，其次考虑其动力特性和便于加工。

（3）当工作过程对从动件的运动规律有特殊要求，而凸轮的转速又较高时，应兼顾两者来设计从动件的运动规律，通常可考虑把不同形式的运动规律恰当地组合起来，这样既能满足工作对运动的特殊要求，又具有良好动力性能。

（4）在选择或设计从动件运动规律时，除要考虑其冲击特性外，还应考虑其具有的最大速度 $v_{max}$、最大加速度 $a_{max}$ 和最大跃度 $j_{max}$，这些值也会从不同角度影响凸轮机构的工作性能。$v_{max}$ 和机构动量 $mv_{max}$ 有关，影响机构停、动灵活和运行安全。$a_{max}$ 和机构惯性 $ma_{max}$ 有关，对构件的强度和耐磨性要求较高。$j_{max}$ 与惯性力的变化率有关，影响从动件系统的振动和工作平稳性。

**4. 凸轮机构设计的基本原理及其设计一般步骤**

凸轮轮廓线设计方法有图解法和解析法。无论用哪种方法，其所依据的原理是相同的。凸轮廓线设计的基本方法是反转法，所依据的是相对运动原理。如图 5-12 所示，以对心直动尖顶推杆盘形凸轮机构为例，在设计凸轮轮廓线时，设想给整个凸轮机构以一个与凸轮角速度 $\omega$ 大小相等而方向相反的角速度，使其绕轴心 $O$ 转动。这时凸轮将静止不动，而推杆一方面随机架相对凸轮以 $\omega$ 角速度反转运动，另一方面又以原有的运动规律[即 $s=s(\delta)$]相对于机架运动。由于推杆的尖顶始终与凸轮的轮廓保持接触，所以推杆在这种复合运动中，其

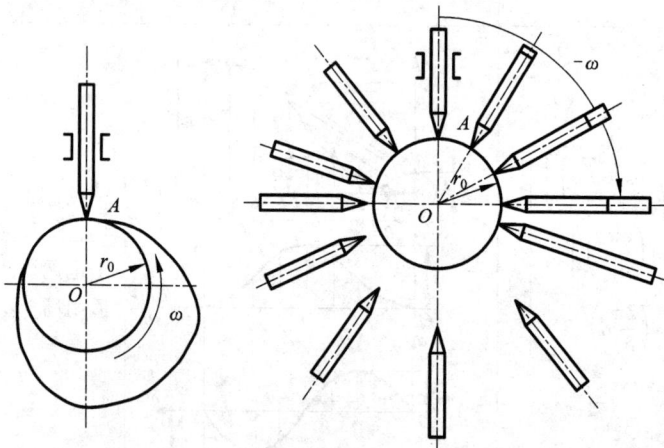

图 5-12 凸轮轮廓线设计的反转法原理

尖顶的运动轨迹即为凸轮轮廓曲线。根据这一方法，求出推杆尖顶在推杆作这种复合运动中所占据的一系列位置点，并将它们连接成光滑曲线，即得所求的凸轮轮廓曲线。

为满足凸轮机构从动件的运动、动力要求凸轮机构设计的一般步骤如下：

(1)选择凸轮类型和从动件运动规律；(2)确定凸轮的基圆半径；(3)确定凸轮的轮廓；(4)进行必要的静力、效率、动力分析。

**5. 尖底从动件盘形凸轮廓线的设计**

**例 5-3：**设计一尖底从动件盘形凸轮机构。已知：尖底从动件基圆半径为 $r_0$，行程为 $h$，凸轮以等角速度 $\omega$ 逆时针旋转，从动件运动规律为：推程为简谐运动($\delta_0$)，回程为等加速等减速运动($\delta_0'$)，远休止角为 $\delta_s$，近休止角为 $\delta_s'$。

具体绘图步骤如下：

(1)作位移曲线图 5-13(a)。进入 AutoCAD 界面后，用 Line 命令绘制垂直线段 $OA$ 和水平线段 $OB$，使 $OA$ 等于 $h$，并等分推程角 $\delta_0$ 和回程角 $\delta_0'$，得到 1-1′、2-2′、…、10-10′，

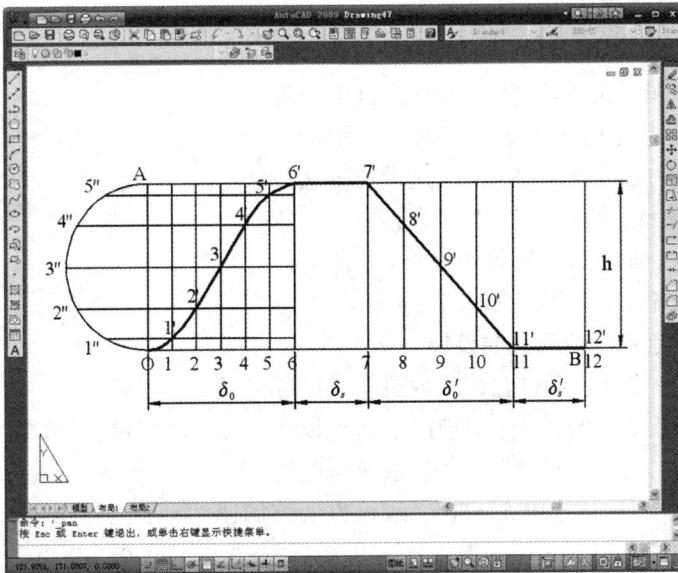

(a)作位移曲线

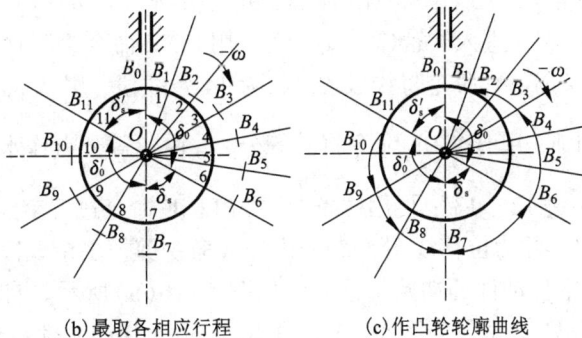

(b)最取各相应行程　　　(c)作凸轮轮廓曲线

**图 5-13　尖底从动件盘形凸轮廓线的设计**

11-11′；然后用 ARRAY 命令将线段 $OB$ 分为 12 条线段；用 ARC 命令以 $OA$ 中点为圆心，以 $\dfrac{h}{2}$ 为半径作半圆弧，用 DIVIDE 命令将其等分，并由各等分点作水平线与对应的垂线相交，得到交点 1′，2′，…，5′，6′；再用 SPLINE 命令过各交点作样条曲线，并且使始末点的切线方向水平；再用 LINE 命令画直线 7′11′，最后用 TRIM 命令剪掉多余线段，即为位移线图。

（2）以 $r_o$ 为半径作基圆，取 $B_0$ 为从动件初始位置，如图 5-13（b）所示。自 $B_0$ 起，用剪切 TRIM 命令和绘圆弧 ARC 命令沿-$\omega$ 方向将基圆中心角分为 $\delta_0$、$\delta_s$、$\delta_0'$、$\delta_s'$ 对应四段圆弧，并将 $\delta_0$、$\delta_0'$ 对应弧进行等分，份数与图 5-13（a）中相同，于是在基圆上得到 1，2，…，10，11 点。

（3）在图 5-13（a）上量取各相应的行程，以此为半径，并分别以图 5-13（b）中基圆上 1，2，…，10，11 点为圆心作弧，令其与各等分线相交于 $B_1$，$B_2$，…，$B_{10}$，$B_{11}$ 点，用绘制样条曲线 SPLINE 命令将各交点连成光滑曲线，样条曲线的光滑程度由 SPLINESEGS 命令设置控制。在 $\delta_s$、$\delta_s'$ 范围用绘制圆弧 ARC 命令作圆弧，所得封闭曲线便是凸轮工作轮廓曲线，如图 5-13（c）。

**6. 滚子从动件凸轮廓线的设计**

由机械原理知识可知，滚子中心的运动规律即为从动件的运动规律，它在复合运动中的轨迹即理论廓线 $\xi$ 是一条与凸轮的实际廓线成法向等距的曲线。因此，把滚子中心视为尖底，用上述设计方法设计出凸轮的理论廓线，再以滚子半径为偏移量，用 OFFSET（平行复制）命令作出其等距曲线 $\xi$，即为所求的滚子从动件凸轮工作廓线，如图 5-14 所示。

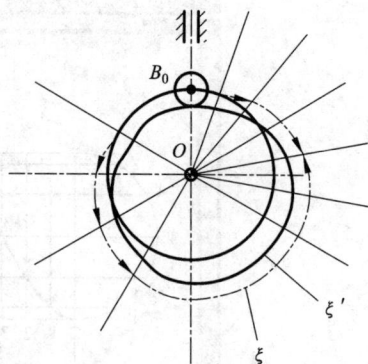

**图 5-14 从动件凸轮工作廓线**

**7. 平底从动件盘形凸轮廓线的设计**

例 5-4：设计一平底从动件盘形凸轮机构。已知凸轮基圆半径 $r_0$，从动件的最大行程为 $h$，凸轮以等角速度 $\omega$ 沿逆时针方向回转，推程为余弦加速度运动，推程角 $\delta_0 = 120°$，远休止角 $\delta_s = 60°$；回程为余弦加速运动，回程角 $\delta_0' = 120°$；近休止角 $\delta_s' = 60°$。

具体绘图步骤如下：

（1）绘制从动件的运动线图如图 5-15 所示，并等分推程角 $\delta_0$ 和回程角 $\delta_0'$，得到 1-1′，2-2′，…，12-12′，13-13′。进入 AutoCAD 界面后，用 LINE 命令绘制垂直线段 $OA$，水平线段 $OB$，使 $OA$ 等于 $h$；用 ARRAY 命令将线段 $OB$ 分为 14 条线段；用 ARC 命令以 $OA$ 中点为圆心，以 $\dfrac{h}{2}$ 为半径作半圆弧，用 DIVIDE 命令将其等分，并由各等分点作水平线与对应的垂线相交，得到交点 1′，2′，…，12′，13′；再用样条曲线 SPLINE 命令过各交点作样条曲线，并且使始末点的切线方向水平，即为位移线图，最后用 Trim 命令剪掉多余线段。

（2）作基圆，并确定从动件的初始位置 $B_o$，如图 5-16（a）所示。自 $B_0$ 点起，沿-$\omega$ 方向等分基圆为 $\delta_0$，$\delta_s$，$\delta_0'$，$\delta_s'$，份数与图 5-15 中的相同。用 CIRCLE 命令绘制基圆，半径为 $r_0$；用 LINE 命令作线段 $OB_0$。交基圆于 $B_0$ 点，过 $B_0$ 点作垂直于 $OB_0$ 的平底 $\eta$，如图 5-16（a）所示。用 ARRAY 命令，以圆心 $O$ 为中心，设定阵列数和对应角度，给出环形阵列 $OB_0$ 及 $\eta$，交

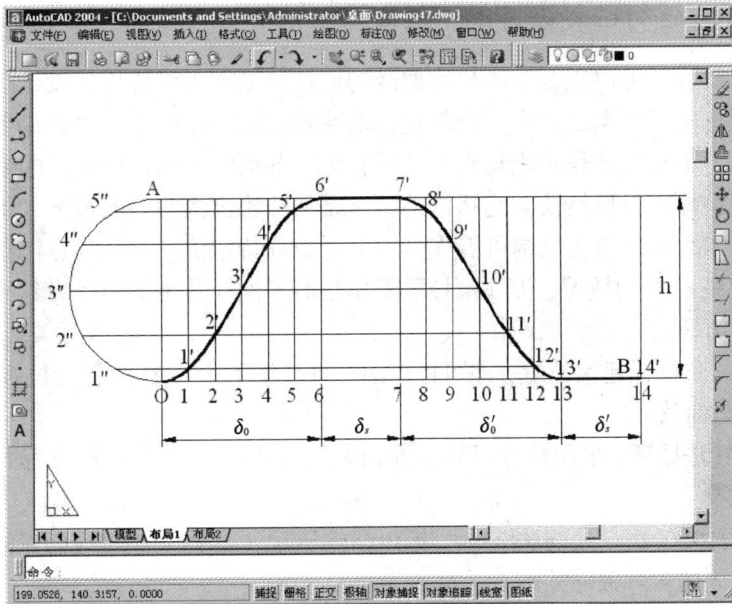

**图 5-15　绘制平底从动件运动曲线图**

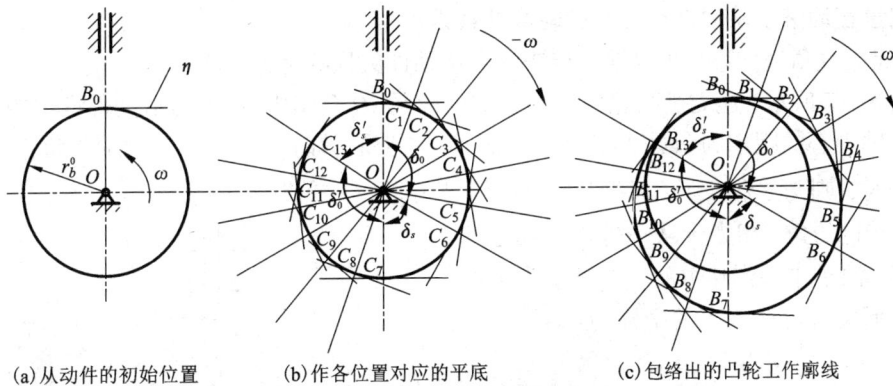

(a)从动件的初始位置　　　(b)作各位置对应的平底　　　(c)包络出的凸轮工作廓线

**图 5-16　平底从动件盘形凸轮廓线的设计**

基圆于 $C_1$，$C_2$，$\cdots$，$C_5$，$C_6$ 点；再用嵌夹功能将线段 $OC_6$ 及其平底旋转复制 $\delta_s$，交基圆于 $C_7$ 点；再环形阵列线段 $OB_0$ 及其平底，交基圆于 $C_7$，$C_8$，$\cdots$，$C_{12}$，$C_{13}$ 点，如图 5-16(b)所示。

（3）在各径向线上从图 5-15 中量取相应的位移量 1-1'，2-2'，$\cdots$，12-12'，13-13'，得到平底的各个位置 $B_0$，$B_2$，$\cdots$，$B_{12}$，$B_{13}$，将这些平底线进行包络即为凸轮的工作廓线。

先用 OFFSET 命令，采用点的捕捉方式分别取运动线图上相应的位移量为偏移量，向外平行复制各个位置的平底；在推程和回程段分别用 SPLINE 命令作样条曲线，使样条曲线与各个位置的平底相切并在始末点的切线方向垂直于导路，再利用嵌夹功能的拉伸方法，以不符合要求的点为夹持点，调整其位置，使样条曲线真正成为平底的包络线；远休止和近休止部分用圆弧连接，即可得到所求凸轮廓线，如图 5-16(c)所示。

## 5.4.2 用解析法进行凸轮设计的一般步骤

用解析法进行设计可以提高凸轮轮廓曲线的设计精度。采用解析法设计凸轮曲线分为直角坐标法和极坐标法。根据已确定的凸轮机构的结构形式、推杆运动位移函数、基圆半径 $r_0$ 和滚子半径 $r_r$ 等，推导出凸轮理论轮廓和实际轮廓上各点的坐标方程式，再编程计算出各点的坐标值。其设计原理是反转法。解析法的特点是从凸轮机构的一般情况入手来建立其轮廓线方程，对于具体的某种凸轮机构可看作其中的参数取特定值。如，对心直动推杆可看作是偏置直动推杆偏距 $e=0$ 的情况；尖顶推杆可看作是滚子推杆其滚子半径为零的情况。建立凸轮廓线直角坐标方程的一般步骤为：

（1）画出基圆及推杆起始位置，即可标出滚子推杆滚子中心 $B$ 的起始位置点 $B_0$，并取直角坐标系(或极坐标系)。

（2）根据反转法原理，求出推杆反转 $\varphi$ 角时其滚子中心 $B$ 点的坐标方程式，即为凸轮理论轮廓线方程式。

（3）作理论廓线在 $B$ 点处的法线 $nn$，标出凸轮实际廓线上与 $B'$ 对应的点的位置，并求出其法线倾角 $\theta$ 与 $\delta$ 的求解关系式。

（4）求出凸轮实际廓线上 $B'$ 点的坐标方程式，即为凸轮实际廓线方程式。

## 5.4.3 用解析法设计凸轮的轮廓曲线

**1. 偏置直动滚子从动件盘形凸轮轮廓曲线设计**

（1）建立直角坐标系，并根据反转法建立从动件尖顶的坐标方程。

如图 5-17 所示，建立过凸轮转轴中心的坐标系 $xOy$，图中 $B_0$ 点为从动件推程的起始点，导路与转轴中心的距离为 $e$(当凸轮逆时针转动、导路右偏时，$e$ 为正，反之 $e$ 为负；当凸轮顺时针转动时，则与之相反)。根据反转法原理，凸轮转过的角，相当于从动件沿导路逆转其角度，滚子中心到达 $B$ 点，位移量为 $s$。从图中几何关系可得 $B$ 点的坐标为：

$$x = (s_0+s)\sin\delta + e\cos\delta \atop y = (s_0+s)\cos\delta - e\sin\delta \} \quad (5\text{-}60)$$

式中：$s_0 = \sqrt{r_0^2 - e^2}$。

凸轮实际廓线上任一点 $B'(x', y')$ 在凸轮理论廓线法线上与滚子中心 $B(x, y)$ 相距 $r_T$ 处，其坐标为：

$$x' = x \pm r_T\cos\theta \atop y' = y \pm r_T\sin\theta \} \quad (5\text{-}61)$$

式(5-61)中"-"号为内等距曲线，"+"为外等距曲线。

（2）计算运行程序并绘出所设计的凸轮轮廓曲线及位移线图。

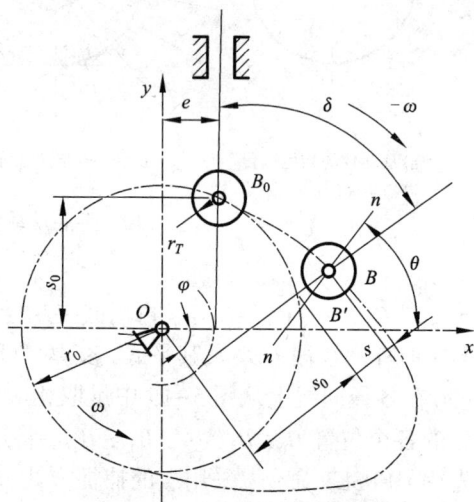

**图 5-17 偏置直动滚子推杆盘形凸轮机构的坐标系建立**

**例 5-5**：一偏置直动滚子推杆盘形凸轮机构的配置如图 5-17 所示，已知偏距 $e$，基圆半径 $r_0$，已知偏距 $e$，基圆半径 $r_0$，滚子半径 $r_T$，推杆推程为简谐运动规律，推程 $h$，推程角 $\delta_0$，远休止角 $\delta_s$；回程为等加速等减速运动规律，回程角 $\delta_0'$，近休止角 $\delta_s'$。设计此凸轮的轮廓线。

建立数学模型。推杆的运动规律：

当 $\delta$ 从 0°到 $\delta_t$ 时：

$$s = \frac{h}{2}\left(1-\cos\frac{\pi}{\delta_0}\delta\right)$$

$$v = \frac{\mathrm{d}s}{\mathrm{d}\delta} = \frac{\pi h\omega}{2\delta_0}\sin\frac{\pi}{\delta_0}\delta$$

$$a = \frac{\pi^2 h\omega^2}{2\delta_0^2}\cos\frac{\pi}{\delta_0}\delta$$

当 $\delta$ 从 $\delta_0$ 到 $\delta_0+\delta_s$ 时：

$$s = h, \quad v = \frac{\mathrm{d}s}{\mathrm{d}\delta} = 0$$

当 $\delta$ 从 $\delta_0+\delta_s$ 到 $\delta_0+\delta_s+\dfrac{\delta_0'}{2}$ 时：

$$s = h - \frac{2h}{\delta_0'^2}(\delta-\delta_0-\delta_s)^2$$

$$v = \frac{4h}{\delta_0'^2}(\delta-\delta_0-\delta_s)$$

当 $\delta$ 从 $\delta_0+\delta_s+\dfrac{\delta_0'}{2}$ 到 $\delta_0+\delta_s+\delta_0'$ 时：

$$s = \frac{2h}{\delta_0'^2}(\delta_0+\delta_s+\delta_0'-\delta)^2$$

$$v = -\frac{4h}{\delta_0'^2}(\delta_0+\delta_s+\delta_0'-\delta)$$

当 $\delta$ 从 $\delta_0+\delta_s+\delta_0'$ 到 360°时：

$$s = 0, \quad v = \frac{\mathrm{d}s}{\mathrm{d}\delta} = 0$$

其理论轮廓线按式(5-60)计算，实际轮廓线按式(5-61)计算。

**例 5-6**：一偏置直动滚子从动件盘形凸轮机构的配置如图 5-17 所示，已知偏心距 $e = 10$ mm，基圆半径 $r_0 = 40$ mm，滚子半径 $r_T = 10$ mm，从动件的行程 $h = 20$ mm，从动件的运动规律如下：$\delta_0 = 150°$，$\delta_s = 30°$，$\delta_0' = 120°$，$\delta_s' = 60°$，从动件推程以简谐运动规律上升，回程以等加速等减速运动规律返回原处。

%$e$ 为偏心距，$r_0$ 为基圆半径，$h$ 为从动件行程，$ris$ 为升程角，$jdy$ 为远休止角，$ret$ 为回程角，$jdj$ 为近休止角。

```
Function f=diskcam(e, r0, rt, h, ris, jdy, ret, jdj)
e=10; h=20; ris=150; jdy=30; ret=120; jdj=60; r0=40; rt=10
JZ=0: 1: 360
```

```
jd=1: 1: ris
s=h/2* (1- cos(pi* jd/ris))                           %计算升程位移
J(1, jd)=s
ds=1/2* h* sin(pi* jd/ris)* pi/ris
JZ(1, jd)=ds
jd=ris: 1: ris+jdy                                    %计算远休止角
s=h
J(1, jd)=s
ds=0
JZ(1, jd)=ds
jd=jdy+ris: 1: jdy+ris+ret/2
s=h- 2* h* (jd- ris- jdy).* (jd- ris- jdy)/ret/ret     %回程减速位移
J(1, jd)=s
ds=- 4* h* (jd- ris- jdy)/ret^2
JZ(1, jd)=ds
jd=jdy+ris+ret/2: 1: jdy+ris+ret
s=2* h* (ris+jdy+ret- jd).* (ris+jdy+ret- jd)/ret/ret  %回程加速位移
J(1, jd)=s
ds=- 4* h* (ris+jdy+ret- jd)/ret^2
JZ(1, jd)=ds
jd=jdy+ris+ret: 1: jdy+ris+ret+jdj                    %近休止角
s=0
J(1, jd)=s
ds=0
JZ(1, jd)=ds
jd=1: 1: 360
ds=JZ(1, jd)                                          %计算理论轮廓坐标
s=J(1, jd)
x=(sqrt(r0^2- e^2)+s).* sin(jd* pi/180)+e* cos(jd* pi/180)
y=(sqrt(r0^2- e^2)+s).* cos(jd* pi/180)+e* sin(jd* pi/180)
A=(ds- e).* sin(jd* pi/180)+(sqrt(r0^2- e^2)+s).* cos(jd* pi/180)
B=(ds- e).* cos(jd* pi/180)- (sqrt(r0^2- e^2)+s).* sin(jd* pi/180)
X=x+rt* B/sqrt(A.* A+B.* B)                           %计算实际坐标
Y=y- rt* A/sqrt(A.* A+B.* B)
figure(1)                                             %画位移线图
plot(jd, s)
grid on
figure(2)                                             %画凸轮轮廓
plot(X, Y)
```

grid on

运行该程序，输出凸轮轮廓线图及凸轮机构从动件位移线图，如图 5-18 所示。

**2. 对心平底推杆盘形凸轮的轮廓设计**

如图 5-18 所示，选取以凸轮的回转中心为坐标原点、$y$ 轴与推杆初始位置的导路重合的直角坐标系。在初始位置，推杆的平底与凸轮廓线的起始点切于 $B_0$ 点。当凸轮由初始位置反转角 $\delta$ 时，推杆位移为 $s$，推杆与凸轮在 $B$ 点相切；又由瞬心知识可知，此时凸轮与推杆的相对瞬心在 $P$ 点，故知推杆的速度为：

$$v = v_p = \omega \overline{OP}, \quad \overline{OP} = \frac{v}{\omega} = \frac{ds}{d\delta}$$

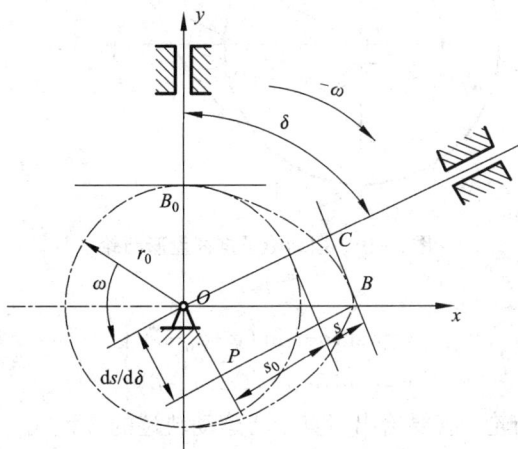

**图 5-18　对心平底推杆盘形凸轮的轮廓设计**

而由图 5-18 可知，$B$ 点的坐标为：

$$\left.\begin{array}{l} x = (r_0 + s)\sin\delta + \cos\delta\,\dfrac{ds}{d\delta} \\ y = (r_0 + s)\cos\delta - \sin\delta\,\dfrac{ds}{d\delta} \end{array}\right\}$$

$$(5-62)$$

这就是凸轮轮廓线的实际方程。

**3. 摆动滚子推杆盘形凸轮**

如图 5-19 所示为一凸轮的转向（逆时针）与摆动推杆升程的转向（顺时针）相反的摆动盘形凸轮机构。选取以凸轮的回转中心为原点、$y$ 轴与两中心（凸轮转动中心与摆杆的摆动中心）连线重合的直角坐标系。$A_0B_0$ 为摆杆的初始位置，它与中心线 $A_0O$ 的夹角为 $\varphi_0$，称作初始角。当反转角 $\delta$ 后，摆杆处于 $AB$ 位置，其角位移为 $\varphi$；则理论轮廓曲线上 $B$ 点的坐标：

$$\left.\begin{array}{l} x = a\sin\delta - l\sin(\delta + \varphi + \varphi_0) \\ y = a\cos\delta - l\cos(\delta + \varphi + \varphi_0) \end{array}\right\}$$

$$(5-63)$$

式（5-63）即为凸轮理论廓线的方程式，凸轮实际廓线的方程式同式（5-50）。

若凸轮的转向与摆杆升程的摆动方向相同，则凸轮理论廓线上各点的坐标由下两式求得：

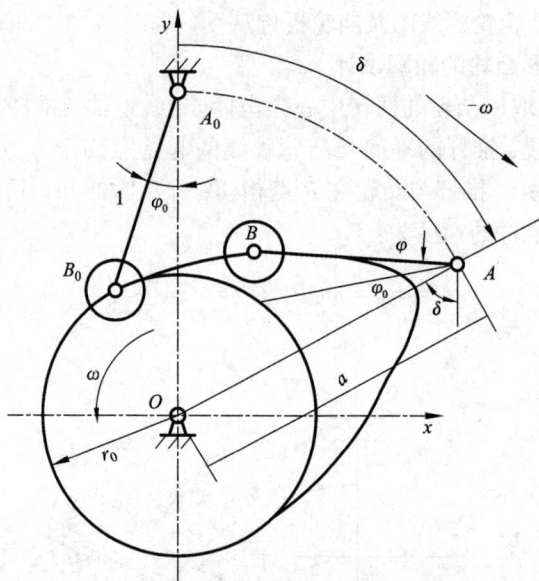

图 5-19　摆动滚子推杆盘形凸轮

$$x = a\sin\delta + l\sin(\varphi+\varphi_0-\delta) \atop y = a\cos\delta - l\cos(\varphi+\varphi_0-\delta)\Biggr\}$$

（5-64）

在数控机床上加工凸轮，需要给出刀具中心运动轨迹的方程式。若刀具（铣刀或砂轮）半径 $r_c$ 和推杆滚子半径 $r_T$ 相同，则凸轮的理论廓线方程式即为刀具中心运动轨迹的方程式。但当刀具半径 $r_c$ 大于滚子半径 $r_T(r_c>r_T)$ 时，如图 5-20（a）所示，这时刀具中心的运动轨迹 $\eta_c$ 为理论廓线 $\eta$ 的等距曲线，相当于以 $\eta$ 线上各点为中心、以 $r_c-r_T$ 为半径所作的一系列圆的外包络线；反之，当在线切割机上加工凸轮时，$r_c<r_T$，如图 5-20（b）所示，这时刀具中心的运动轨迹 $\eta_c$ 相当于以 $\eta$ 线上各点为中心、以 $r_c-r_T$ 为半径所作的一系列圆的内包络线。所以，只要以 $|r_c-r_T|$ 代替 $r_T$，便可由式（5-64）求出外包络线（即刀具中心线）的方程式。

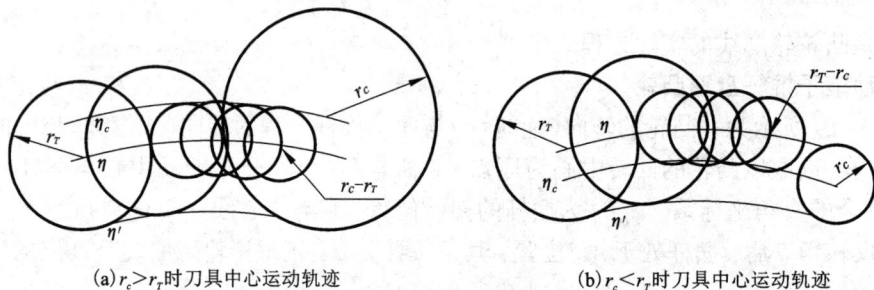

（a）$r_c>r_T$ 时刀具中心运动轨迹　　　　　　（b）$r_c<r_T$ 时刀具中心运动轨迹

图 5-20　刀具中心运动轨迹

## 5.4.4　用解析法确定凸轮机构的基本尺寸

**1. 按许用压力角确定凸轮的基圆半径**

图 5-21 为一偏置直动尖顶推杆盘形凸轮机构。$P$ 为瞬心，故有：

$$v_p = v = \omega \overline{OP}$$

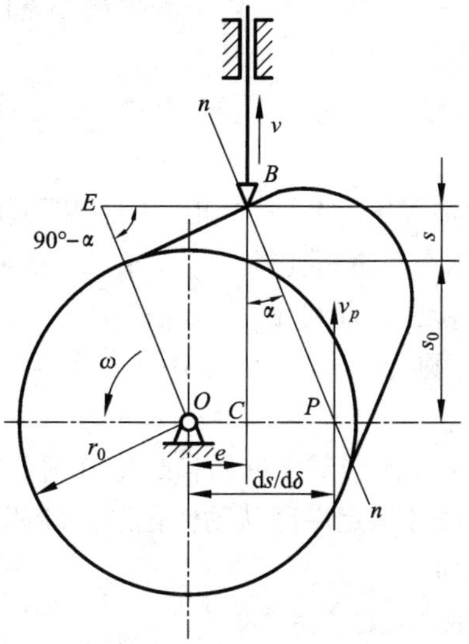

**图 5-21　偏置直动尖顶推杆盘形凸轮机构**

所以有：

$$\overline{OP} = v/\omega = \frac{\mathrm{d}s}{\mathrm{d}t} / \frac{\mathrm{d}\delta}{\mathrm{d}t} = \mathrm{d}s/\mathrm{d}\delta$$

$$\tan\alpha = \frac{\overline{OP} \pm e}{s+s_0} = \frac{\dfrac{v}{\omega} \pm e}{s+\sqrt{r_0^2-e^2}} = \frac{|\,\mathrm{d}s/\mathrm{d}\delta\,| \pm e}{s+\sqrt{r_0^2-e^2}}$$

故有：

$$\alpha = \arctan \frac{\left|\left|\dfrac{\mathrm{d}s}{\mathrm{d}\delta}\right| \pm e\right|}{s+\sqrt{r_0^2-e^2}} \tag{5-65}$$

$$r_0 = \sqrt{\left(\frac{\mathrm{d}s/\mathrm{d}\delta \pm e}{\tan[\alpha]} - s\right)^2 + e^2} \tag{5-66}$$

式中：± 表示推杆偏置方向不同。

由式(5-65)可知，基圆半径越小，凸轮机构的压力角越大。此外，偏心距 $e$ 的方向选择也会影响压力角的大小。从传力的角度来考虑，压力角越小越好，但这样会增大基圆半径，从而使凸轮机构尺寸加大，所以凸轮机构压力角过大和过小都不好。一般情况下，最大压力角应小于或等于许用压力角 $[\alpha]$，以保证传动。

由(5-66)可知，在偏距 $e$ 一定、推杆的运动规律已知的条件下，加大基圆半径 $r_0$，可减小压力角 $\alpha$，进而改善机构的传力特性；凸轮的基圆半径愈小，则凸轮尺寸愈小，凸轮机构愈紧凑。然而，基圆半径的减小受到了压力角的限制，而且在实际设计中，还要受到凸轮结构尺寸及强度条件的限制。因此，在实际设计工作中，基圆半径的确定必须从凸轮机构的尺寸、受力、安装、强度等方面予以综合考虑。但仅从机构尺寸紧凑和改善受力的观点来看，基圆半径 $r_0$ 确定的原则是：在保证 $\alpha_{max} \leq [\alpha]$ 的条件下，应使基圆半径尽可能小。应用解析法并利用计算机编程可保证在 $\alpha_{max} \leq [\alpha]$ 的条件下获得最小基圆半径 $r_{0min}$，其步骤如下：

（1）先初选定较小的基圆半径 $r_0$。

（2）按一定步长，一般以凸轮转 $1°$ 为一步长，由式(5-65)计算出一个运动循环中各点的压力角 $\alpha_k$。

（3）从 $\alpha_k$ 中分别选出最大推程压力角 $\alpha_{max}$ 和最大回程压力角 $\alpha'_{max}$。

（4）将最大压力角与许用压力角进行比较，如果 $\alpha_{max} > [\alpha]$ 或 $\alpha'_{max} < [\alpha]$，则 $r_0 = r_0 + \Delta r$，再进行（2）、（3）两步。重复上述步骤，直到 $\alpha_{max} < [\alpha]$ 和 $\alpha'_{max} < [\alpha]$ 为止。

（5）如果 $\alpha_{max} < ([\alpha] - \Delta \alpha)$，则令 $r_0 = r_0 - m\Delta r_0 (0 < m < 1)$，再执行（2）、（3）两步，直到 $[\alpha] - \Delta \alpha < \alpha_{max} \leq [\alpha]$，即可输出 $r_0 = r_{0min}$。

上述运算中，$\Delta r_0$、$m$ 和 $\Delta \alpha$ 应根据试算过程和凸轮机构工作场合及要求合理选取。

**2. 按轮廓曲线全部外凸的条件确定平底从动件盘形凸轮机构中凸轮的基圆半径，即保证凸轮的轮廓在任一点都是外凸的**

（1）基圆的半径与轮廓曲率半径的关系。

将机构高副低代，$A$ 为接触点处的曲率中心，可得运动关系：

$$a_2 = a_{B_2} = a_{B_3} + a_{B_2B_3} = a_A + a_{B_2B_3}$$

故可作加速度多边形，如图 5-22(a) 所示。

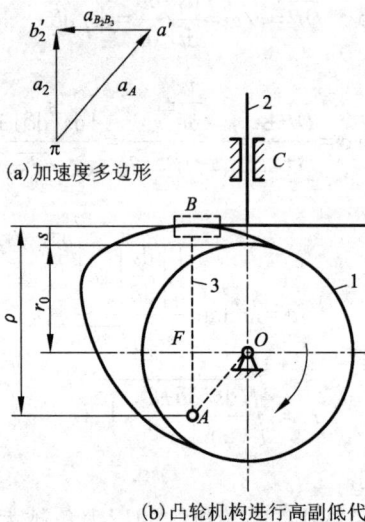

(a)加速度多边形

(b)凸轮机构进行高副低代

图 5-22 凸轮机构的高副低代

由作图可知 $\triangle\pi a'b'_2 \backsim \triangle AOF$，故有：

$$\frac{L_{AF}}{L_{AO}}=\frac{\overline{\pi b'_2}}{\overline{\pi a'}}=\frac{a_2}{a_A}=\frac{\mathrm{d}^2s/\mathrm{d}t^2}{L_{OA}\omega^2}=\frac{\mathrm{d}^2s/\mathrm{d}\varphi^2}{L_{OA}}$$

$$\omega^2=\left(\frac{\mathrm{d}\varphi}{\mathrm{d}t}\right)^2 \quad \text{即} \quad L_{AF}=\frac{\mathrm{d}^2s}{\mathrm{d}\varphi^2}$$

由图 5-22（b）可知　$\rho=\dfrac{\mathrm{d}^2s}{\mathrm{d}\varphi^2}+r_0+s$，故有：

$$r_0 \geqslant \rho_{\min}-\left(\frac{\mathrm{d}^2s}{\mathrm{d}\varphi^2}+s\right)_{\min}$$

（2）平底宽度的确定（图 5-23）。

$$\overline{OP}=\frac{v}{\omega}=\frac{\mathrm{d}s}{\mathrm{d}\varphi}=\overline{BT} \quad \text{故} \quad L_{\max}=\left|\frac{\mathrm{d}s}{\mathrm{d}\varphi}\right|_{\max}$$

$$L=2L_{\max}+(5\sim7)\ (\mathrm{mm})=2\left|\frac{\mathrm{d}s}{\mathrm{d}\varphi}\right|_{\max}+(5\sim7)\ (\mathrm{mm}) \tag{5-67}$$

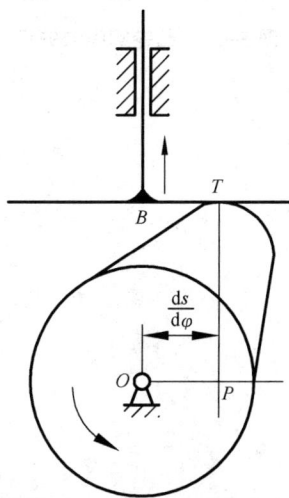

图 5-23　平底宽度的确定

### 3. 滚子半径的选择

滚子从动件凸轮的实际轮廓曲线，是以理论轮廓曲线的各点为圆心作一系列圆的包络线而形成的，若滚子半径选择不当，则无法作出正确的实际轮廓曲线。

（1）内凹曲线。

$$\rho'_{\min}=\rho_{\min}+r_T \tag{5-68}$$

式中：$\rho'_{\min}$ 为实际曲率半径；$\rho_{\min}$ 为理论曲率半径；$r_T$ 为滚子半径。

当凸轮轮廓为内凹曲线时，无论滚子半径 $r_T$ 大小如何，总能作出实际轮廓曲线［如图 5-24（a）］。

（2）外凸曲线。

当凸轮廓线为外凸时，$\rho'_{min} = \rho_{min} - r_T$，有：

$$\begin{cases} \rho_{min} = r_T, & \rho'_{min} = 0, \text{ 凸轮实际廓线变尖；} \\ \rho_{min} < r_T, & \rho'_{min} < 0, \text{ 凸轮实际廓线交叉，运动规律失真；} \\ \rho_{min} > r_T, & \rho'_{min} > 0, \text{ 凸轮实际廓线光滑。} \end{cases}$$

所以，当凸轮廓线为外凸时，如图 5-24 所示，为避免凸轮实际轮廓线出现变尖和交叉的情况，要求 $r_T < \rho_{min}$，一般情况下可按式（5-69）取：

$$r_T \leqslant 0.8\rho_{min} \tag{5-69}$$

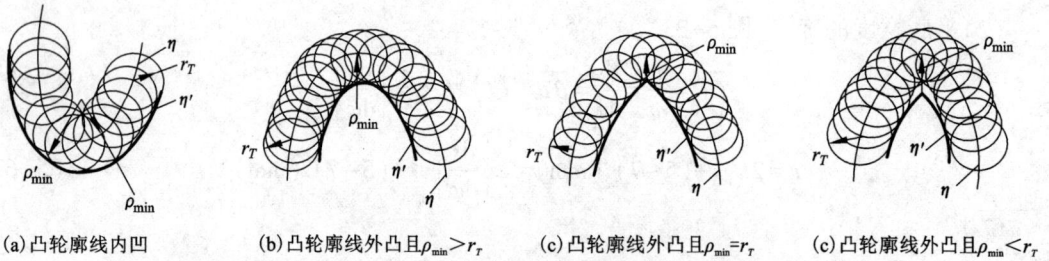

(a)凸轮廓线内凹　　(b)凸轮廓线外凸且$\rho_{min} > r_T$　　(c)凸轮廓线外凸且$\rho_{min} = r_T$　　(c)凸轮廓线外凸且$\rho_{min} < r_T$

图 5-24　凸轮廓线的失真

# 第6章
# 常用机构计算机建模与运动分析

## 6.1 建模仿真软件简介

　　机构本质上是执行机械运动的装置，机构设计的首要目标是设计出能够满足预期运动规律的新机构。随着社会的发展和科学技术的进步，现代机构日益向着高速度、高精度、高效率、低噪声的方向发展。要创造出大量的、品种繁多的、优良的、满足工程实际需求的机构，所涉及的专业知识和技能很多而且很广，如常见机构的工作原理和特点、机构的结构分析、机构的运动学和动力学分析等，其中机构的建模和运动分析是机构设计中一项重要的基础性工作。虚拟样机技术是随着计算机技术的发展而迅速发展起来的一项计算机辅助工程技术，利用该技术，工程技术人员在计算机上能创建各种样机模型，对样机的性能进行动态分析，并提出修改方案，这将大大缩短产品的开发周期，节约产品的开发成本。设计者只需要设计出合理的机构外形，就可以在软件上仿真运动的效果，同时进行更进一步的分析。利用仿真法对机构进行分析的一般步骤如图 6-1 所示。大致分为以下内容：

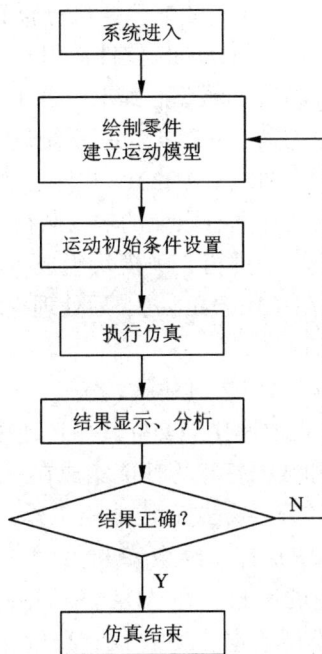

图 6-1　机构建模和运动仿真的一般步骤

（1）建立运动模型。是指对机械各部分进行的具体设计，首先确定各零件的形状、结构和尺寸等，并完成三维实体造型，再通过装配模块完成各零件的组装，形成运动模型。

（2）设置运动初始条件。定义机械系统运动所必需的各种条件，如动力源、初始状态和位置等。在复杂的机械系统中，要定义多重的动力驱动，要定义不同驱动之间的大小、方向等关系，还要约束机构的最大和最小运动极限，使系统能在合理的范围中运动。

（3）运动及仿真结果分析。软件分析是将分析的结果通过可视化的方法表现出来，主要包括运动回放、可分析干涉检验、运动包络等，还可测量系统中需要跟踪的参数，并将其变化趋势通过图表的形式直观地表现出来。

在整个机构建模和运动仿真的过程中，各步骤之间是相互关联和影响的，通过分析反馈信息，完善运动模型，变化运动环境，以及通过分析的结果对比，各步骤之间综合的调整和作用，才会使最终结果趋向满意。

目前许多国内外的大型辅助设计软件都包含了运动学仿真这一功能模块。其中 ADAMS 和 SIMPACK 是相对专业的运动仿真软件，SIMPACK 在算法方面比较强，但不及 ADAMS 广泛，同时 ADAMS 自带三维建模系统，但是其建模相比专业三维软件更麻烦一些。ADAMS 是虚拟样机分析的应用软件，用户可以运用该软件非常方便地对虚拟机械系统进行静力学、运动学和动力学分析；另一方面，ADAMS 又是虚拟样机分析开发工具，其开放性的程序结构和多种接口，可以成为特殊行业用户进行特殊类型虚拟样机分析的二次开发工具平台。此外，Pro/E、UG、CATIA、SolidWorks 也有自带的运动仿真功能模块，这为进行机构运动分析提供了有效的途径。本章将重点介绍 ADAMS 软件的建模与仿真。

ADAMS 软件，即机械系统动力学自动分析软件 ADAMS（automatic dynamic analysis of mechanical systems），是美国 MDI 公司开发的虚拟样机分析软件。目前，ADAMS 已经被全世界各行各业的数百家主要制造商采用。ADAMS 软件使用交互式图形环境和零件库、约束库、力库，创建了完全参数化的机械系统几何模型，其求解器采用多刚体系统动力学理论中的拉格朗日方程方法，建立系统动力学方程，对虚拟机械系统进行静力学、运动学和动力学分析，输出位移、速度、加速度和反作用力曲线。ADAMS 软件的仿真可用于预测机械系统的性能、运动范围、碰撞检测、峰值载荷以及计算有限元的输入载荷等。ADAMS 软件由基本模块、扩展模块、接口模块、专业领域模块及工具箱 5 类模块组成。其中，基本模块包括用户界面模块（ADAMS/View）、求解器模块（ADAMS/Solver）、后处理模块（ADAMS/Post Processor）。

（1）用户界面模块（ADAMS/View）。

ADAMS/View 是 ADAMS 系列产品的核心模块之一，采用以用户为中心的交互式图形环境，将图标操作、菜单操作、鼠标点取操作与交互式图形建模、仿真计算、动画显示、优化设计、X-Y 曲线图处理、结果分析和数据打印等功能集成在一起。

ADAMS/View 主要采用简单的分层方式完成建模工作。它采用 Parasolid 内核进行实体建模，并提供了丰富的零件几何图形库、约束库和力/力矩库，并且支持布尔运算，支持 FORTRAN/77 和 FORTRAN/90 中的函数。在 ADAMS/View 中，用户利用 TABLE EDITOR，可像用 EXCEL 一样方便地编辑模型数据，DS9（设计研究）、DOE（实验设计）及 OPTIMIZE（优化）功能则可使用户方便地进行优化工作。

ADAMS/View 新版采用了改进的动画/曲线图窗口，能够在同一窗口内同步显示模型的动画和曲线图；具有实用的 Parasolid 输入/输出功能，可以输入 CAD 中生成的 Parasolid 文件，也可以把单个构件、整个模型、在某一指定的仿真时刻的模型输出到一个 Parasolid 文件中；具有新型数据库图形显示功能，能够在同一图形窗口内显示模型的拓扑结构，选择某一构件或约束（运动副或力）后能显示与此项相关的全部数据；命令行可以自动记录各种操作命令，并进行自动检查。

（2）求解器模块（ADAMS/Solver）。

ADAMS/Solver 是 ADAMS 系列产品的核心模块之一，是 ADAMS 产品系列中处于心脏地位的仿真器。该软件能自动形成机械系统模型的动力学方程，并提供静力学、运动学和动力学的解算结果。ADAMS/Solver 有各种建模和求解选项，以便精确有效地解决各种工程应用问题，ADAMS/Solver 可以对刚体和弹性体进行仿真研究。

（3）后处理模块（ADAMS/Postprocessor）。

MDI 公司开发的后处理模块 ADAMS/Postprocessor，可用来处理仿真结果数据，显示仿真动画等，既可以在 ADAMS/View 环境中运行，也可脱离该环境独立运行。ADAMS/Postprocessor 的主要特点是：采用快速高质量的动画显示，便于从可视化角度深入理解设计方案的有效性；使用树状搜索结构，层次清晰，并可快速检索对象；具有丰富的数据作图、数据处理及文件输出功能；具有完备的曲线数据统计处理功能；为光滑消隐的柔体动画提供了更优的内存管理模式；强化了曲线编辑工具栏功能。

ADAMS/Postprocessor 的主要功能包括：为用户观察模型的运动提供所需的环境，用户可以向前、向后播放动画，也可以随时中断播放动画，而且可以选择观察视角，从而使用户更容易地完成模型排错任务；为了验证 ADAMS 仿真分析结果数据的有效性，可以输入测试数据，并对测试数据与仿真结果数据进行绘图比较，还可对数据结果进行数学运算，对输出进行统计分析；用户可以对多个模拟结果进行图解比较，从而选择合理的设计方案。

## 6.2　常用机构的建模

### 6.2.1　ADAMS/View 建模基础

ADAMS/View 是一个强大的建模和仿真环境，它可以建模、仿真并优化机械系统模型。在 ADAMS/View 中创建模型的步骤与通常创建物理模型的步骤是相同的。与很多 CAD 软件类似，ADAMS/View 提供了丰富的几何建模工具库。

ADAMS 软件在建模之前一般要先定义建模环境，即坐标系的选择（笛卡尔坐标系、柱面坐标系、球面坐标系）、单位的设置（长度、质量、时间、力）、重力的定义等，然后再建立模型，简要过程如下：先将物理模型进行抽象和简化，然后建立几何模型，再创建约束和添加作用力，最后是仿真计算，并修改不合理的部分。

ADAMS 提供了常用的形体建模工具集（零件库），如图 6-2 所示，几何建模由创建基本几何形状、创建简单形体、实体之间的布尔运算、几何细节结构处理四大部分组成。基本几何形状为点、直线、曲线（圆、圆弧、样条曲线）和 Marker 等，这些基本几何形状主要用于定义其他的几何形状和形体，点和 Marker 是最常用的几何建模辅助工具。ADAMS/View 提供了若干常用的基本形体图库，利用这些参数化图库，可以非常方便地建立一些几何模型，如长方体、圆柱体、球体、连杆、圆环、圆角多边形板等，形状复杂的几何形体可以由若干个基本形体通过一定的方式组合形成。建模过程中，一个 Body 可以由多个不同的几何形体组成，即在几何建模工具集选取相应的工具图标，对所选择的实体进行布尔运算就能完成，常见的几何细节结构包括：边缘倒角、边缘圆角、开孔、添加凸台、挖空或在外围添加材料等。物体在动力学仿真分析中还需确定物体的空间位置和质量等，可以在物体上右击选择 MODIFY 弹出修改属性对话框，包括物体的名字、材料、密度、位置、方向、初始速度。

约束是用来连接两个部件并使它们之间具有一定的相对运动关系的，通过约束，模型中各个独立的部件可以联系起来形成有机的整体。物体在空间有 3 个移动自由度和 3 个旋转自由度。在 ADAMS/View 中，有各种各样的约束，如图 6-3 所示，大体上可将其分为四类。

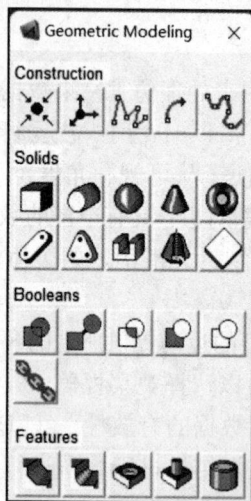

图 6-2  几何建模工具集

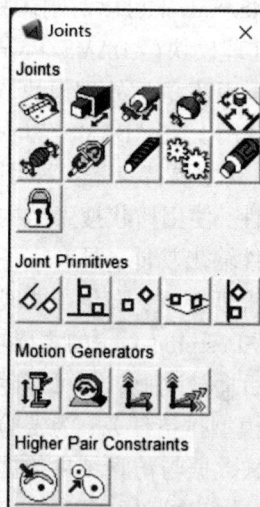

图 6-3  运动约束工具集

（1）基本约束：点重合约束、共线约束、共面约束、轴垂直约束等。

（2）低副约束：球铰、固定铰、平移副、圆柱副、旋转副、螺旋副等。

（3）高副约束：点—线副（POINT_CURVE），或者称为柱销—滑槽副；线—线副（CURVE_CURVE），或者称为凸轮—从动轮副。

（4）驱动：实际上就是将运动副还没约束的自由度管住，让其按照某种规律变化，从某种意义上来说，驱动也是一种约束，只是这种约束是时间的函数。按驱动加在对象类型上分，有点驱动和铰驱动；按驱动特点来分，有平移驱动和旋转驱动。

ADAMS 中施加的力包括作用力、柔性连接力、特殊力。不论哪种类型的力，在定义力时，都需要说明是力，还是力矩、力作用的构件和作用点、力的大小和方向，其数值可以是常量、函数，也可以通过子程序定义。

## 6.2.2  曲柄滑块机构的建模

### 1.设置建模环境

（1）启动 ADAMS/View，如图 6-4 所示，在欢迎对话框中选择 New Model 选项，设置好工作路径，在模型名称栏输入"qubinghuakuai"。重力设置选择 Earth Normal 选项，单位设置选择 MKS-m，kg，N，s，deg，设置完毕点击"OK"。

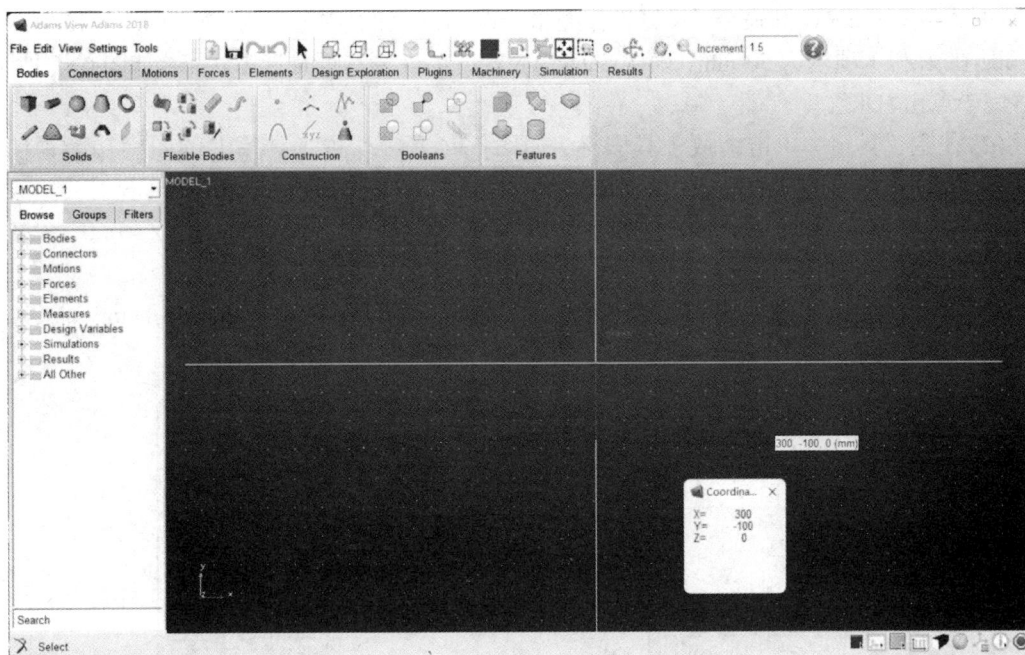

(a)默认界面

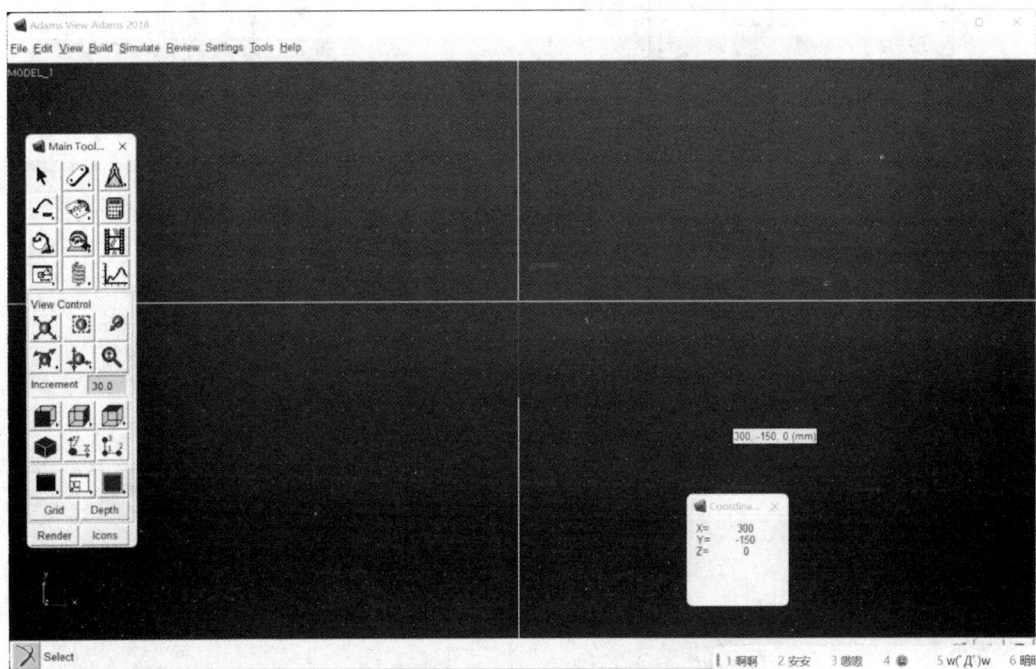

(b)经典界面

图 6-4　ADAMS/View 主窗口

（2）选择菜单栏中的 Settings→Interface Style→Classic 命令，将界面切换为经典界面。选择 Settings→Working Grid 命令，设置工作栅格，Size 在 X 和 Y 项分别为 1750 mm 和 1500 mm，Spacing 在 X 和 Y 项均为 50 mm，确认 Show Working Grid 复选框是选中状态，如图 6-5 所示，设置完毕点击"OK"。

（3）在主工具箱中单击缩放工具图标，如图 6-6 所示，主工具箱上的图标功能说明见表 6-1，在窗口内上下拖动鼠标，使之能够显示整个栅格。选择 Settings→Gravity 命令，设置重力加速度对话框，确定 Gravity 复选框为选中状态，$X=0.0$，$Y=-9.80665$，$Z=0.0$，设置完毕点击"OK"。

（4）按 F4 键，打开坐标窗口，随时显示鼠标的位置。选择 File→Select Directory 命令，指定保存文件的目录。

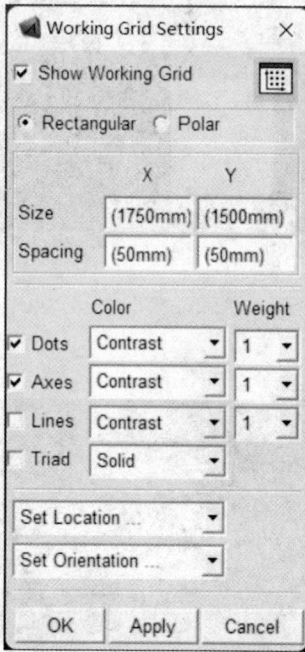

图 6-5　工作栅格设置

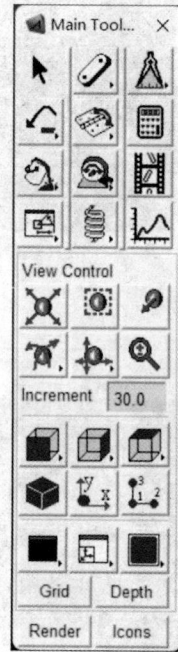

图 6-6　主工具箱

表 6-1　主工具箱上的图标功能说明

| 图标 | 功能说明 | 图标 | 功能说明 |
| --- | --- | --- | --- |
|  | 选择命令 |  | 添加运动命令集 |
|  | 取消或再做一次命令集 |  | 添加力命令集 |
|  | 颜色设置命令集 |  | 测量距离和角度命令集 |

82

**续表6-1**

| 图标 | 功能说明 | 图标 | 功能说明 |
|---|---|---|---|
| | 旋转和移动命令集 | | 仿真分析命令 |
| | 几何建模命令集 | | 仿真结果回放命令 |
| | 添加约束命令集 | | 调用后处理模块命令 |

**2. 几何模型创建**

（1）在主工具箱中右击几何建模工具图标，在展开的所有几何建模工具图标中单击定义连接点工具图标，如图 6-7 所示；在主工具栏下方的参数设置中，选择默认设置 Add to Ground 和 Don't Attach，如图 6-8 所示。

图 6-7　定义连接点

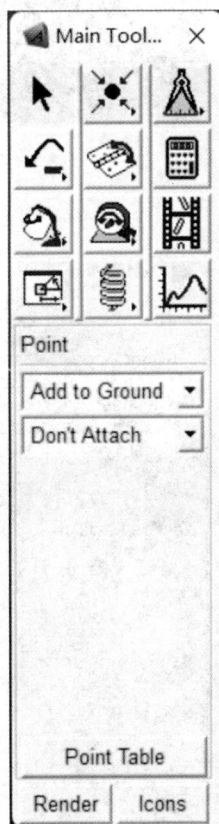

图 6-8　设置参数

(2)在点(0,0,0)处单击,窗口中显示一个标记点,系统自动命名为 Point_1;重复第(1)步,在点(0.5,0,0)和点(1.5,0,0)处建立两个标记点,分别为 Point_2 和 Point_3。

(3)在主工具箱中单击几何建模工具图标,设置参数 New Part,分别单击 Point_1 和 Point_2,建立曲柄,如图6-9所示;右击曲柄,在弹出的快捷菜单中选择 PART_2→Rename 命名,重新命名为 wheel;再次右击曲柄,在弹出的快捷菜单中选择 Part wheel→Modify 命名,设置曲柄的物理特性;在修改构件特性对话框中,可以接受默认设置,Define Mass By 项选择 Geometry and Material Type,Material Type 项选择 MODEL_1 steel,如图6-10所示。

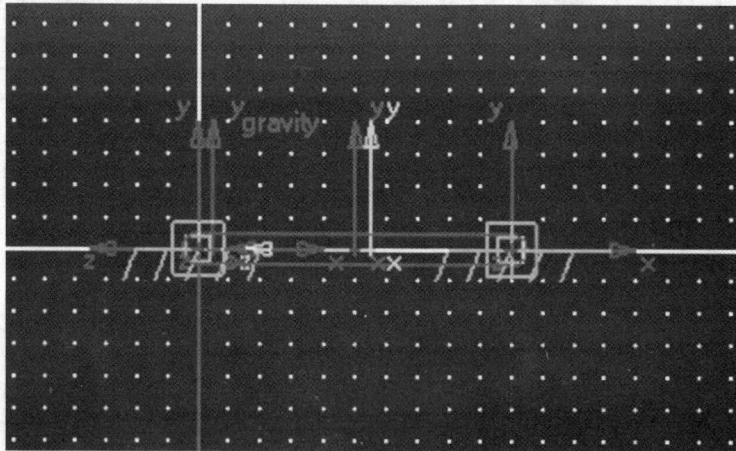

图6-9 建立曲柄

6-9彩图

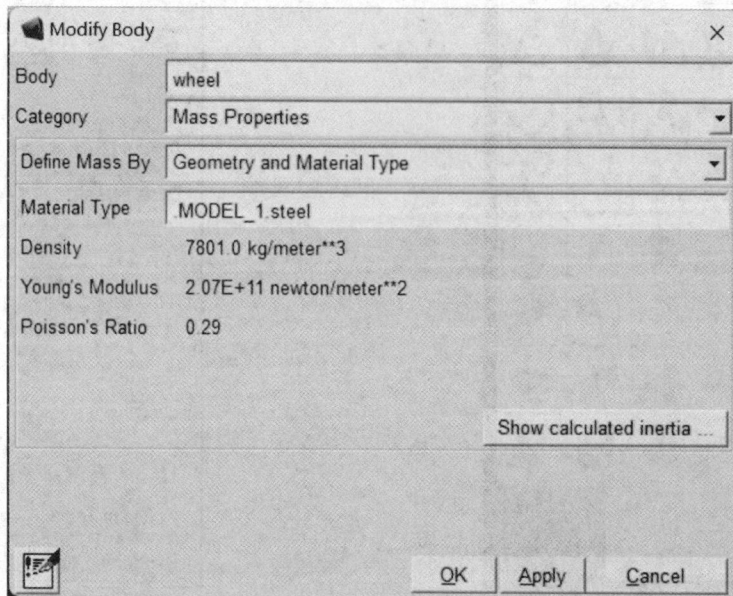

图6-10 修改构件特性对话框

84

（4）绘制完毕，在主工具箱中单击"选择命令"按钮，会出现视图工具按钮；在主工具箱中单击移动视图工具按钮，在窗口内向左拖动鼠标，为后面建立滑块留出位置。

（5）重复步骤（3），在 Point_2 和 Point_3 之间建立连杆 handle，如图 6-11 所示。

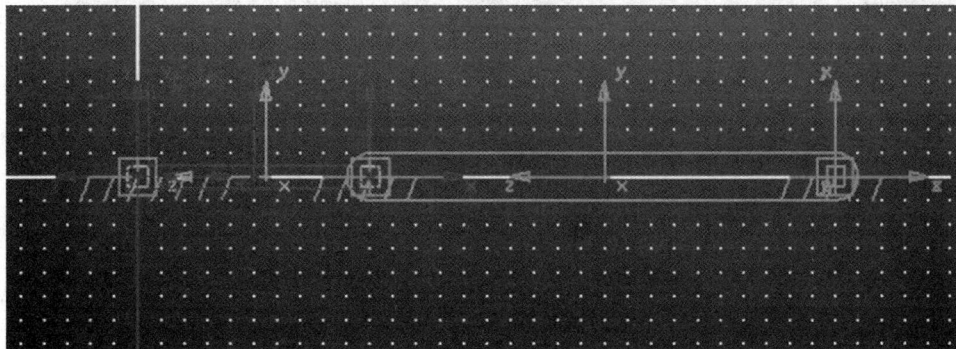

图 6-11　建立连杆

（6）右击连杆，在弹出的快捷菜单中选择 handle→Modify 命令，设置曲柄的物理特性。在修改构件特性对话框中，Define Mass By 项选择 User Input，设置 Mass 为 42，Ixx 为 4.1，Iyy 为 4.0，Izz 为 4.3，如图 6-12 所示。

6-11彩图

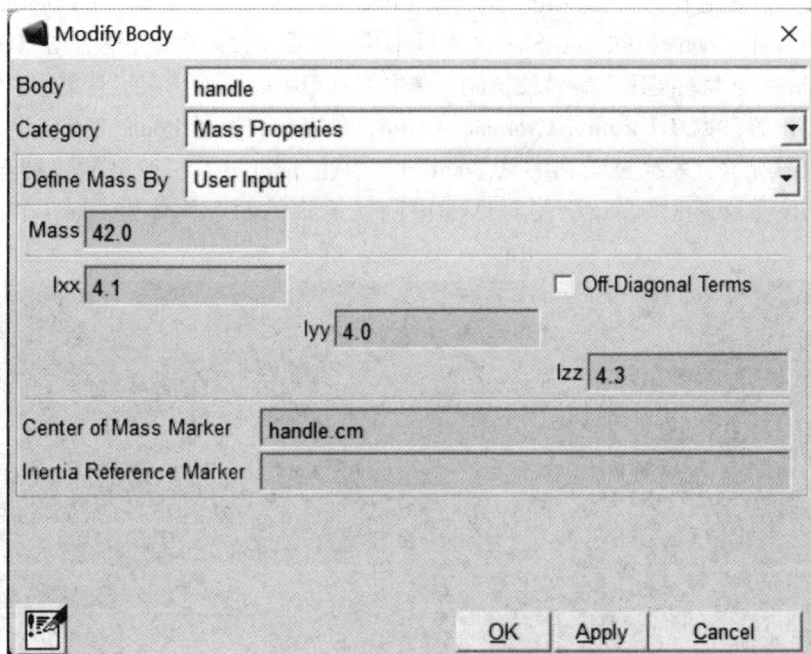

图 6-12　设置连杆属性

（7）在几何建模工具集中单击 Box 工具图标，设置参数 New Part，在窗口中选择点(1.35, 0.15, 0)，拖动鼠标到点(1.65, -0.15, 0)，建立滑块，如图 6-13 所示，改滑块名字为 piston。

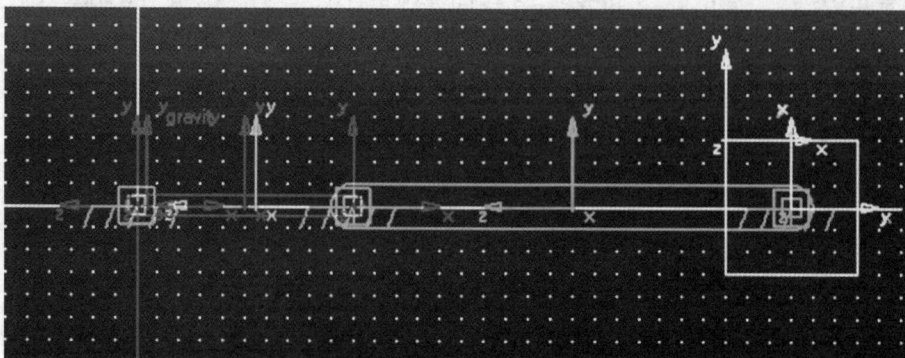

图 6-13　建立滑块

（8）右击滑块，在弹出的快捷菜单中选择 piston→Modify 命令，设置曲柄的物理特性。在修改构件特性对话框中，Define Mass By 项选择 Geometry and Material Type，在 Material Type 项中右击，在弹出的快捷菜单中选择 Material→Guesses→brass 命令。

**3. 添加约束和仿真**

（1）为了更清楚地看到各种标记，选择 Settings→Icons 命令，弹出 Icon Settings 对话框，在 Size for all Model Icons 栏的 New Size 文本框中输入数字 0.2，设置完毕点击"OK"。

（2）在 wheel 与大地间建立旋转铰链副：在主工具箱中的添加约束工具集中，单击旋转铰链副图标，并设置参数 1 Location，Normal to Grid，在窗口内选择 Point_1 点，建立旋转铰链副，如图 6-14 所示，系统自动命名为 Joint_1。右击 Joint_1，在弹出的快捷菜单中选择 Joint_1→Modify 命令，在修改铰链副对话框中确认连接的两个物体是 wheel 和 ground，如图 6-15 所示。

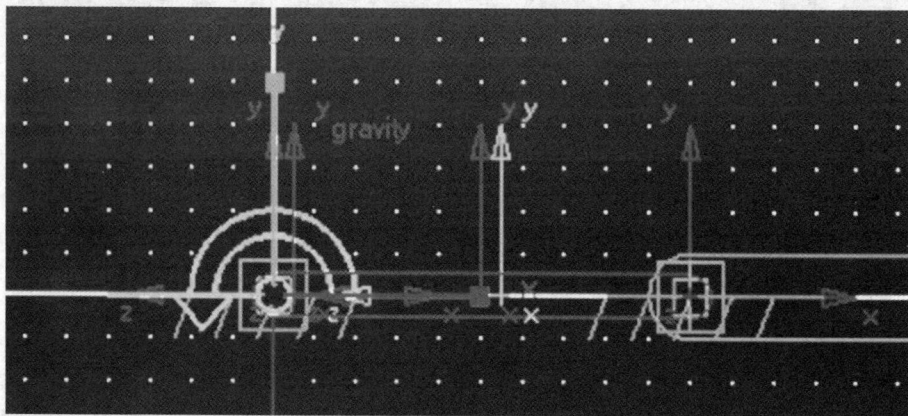

图 6-14　建立旋转铰链副

6-13彩图

6-14彩图

86

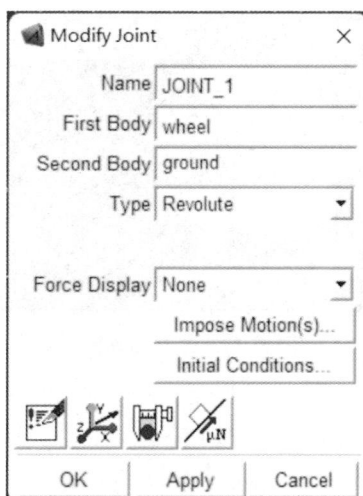

**图 6-15　修改铰链副对话框**

（3）在 wheel 和 handle 间建立一铰链副：在主工具箱中的添加约束工具集中，单击旋转铰链副图标，并设置参数 2 Body-1 Loc，Normal to Grid。用鼠标首先选择 wheel，再选择 handle，然后选择 Point_2 点，建立旋转铰链副，系统自动命名为 Joint_2。

（4）在 handle 和 piston 间建立一铰链副：在主工具箱中的添加约束工具集中，单击旋转铰链副图标，并设置参数 2 Bod-1 Loc，Normal to Grid。用鼠标首先选择 handle，再选择 piston，然后选择 Point_3 点，建立旋转铰链副，系统自动命名为 Joint_3，如图 6-16 所示。

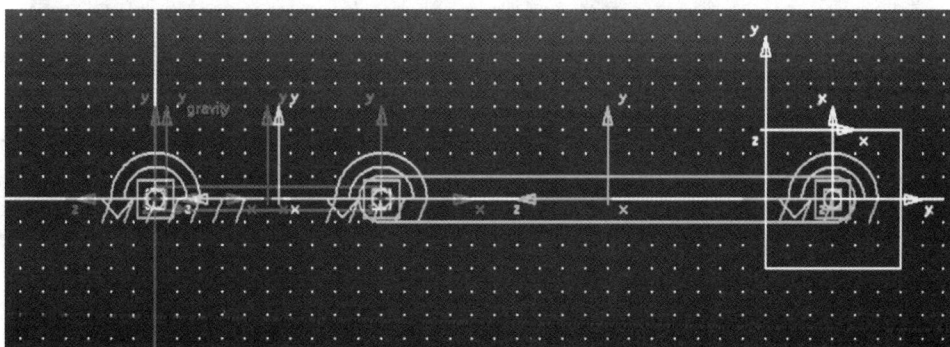

**图 6-16　建立旋转铰链副**

（5）设定滑块水平移动：在主工具箱中单击移动副工具图标，并设置参数 2 Bod-1 Loc，Pick Feature，依次选择 piston 和大地（窗口内任意空白位置处），并沿水平方向定义运动箭头，建立移动副，如图 6-17 所示。

6-16彩图

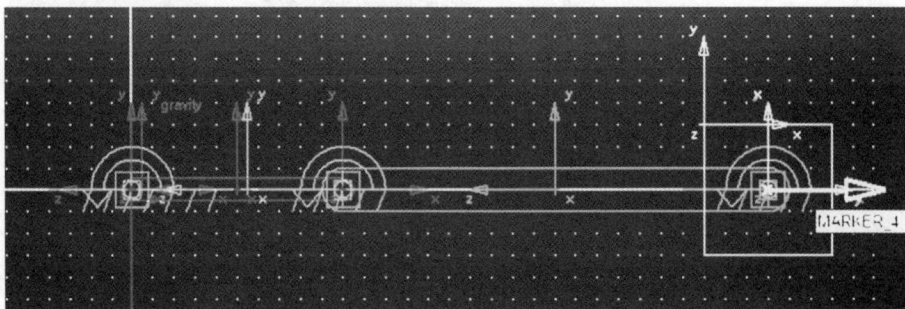

图 6-17　建立移动副

6-17彩图

（6）给曲柄添加运动约束，使之逆向旋转360°：在主工具箱中单击旋转运动工具图标，并设置参数，在 speed 栏输入 360.0，即每秒转动360°，选择 Joint_1，建立旋转运动，窗口内会出现标志转动的大箭头，如图 6-18 所示。

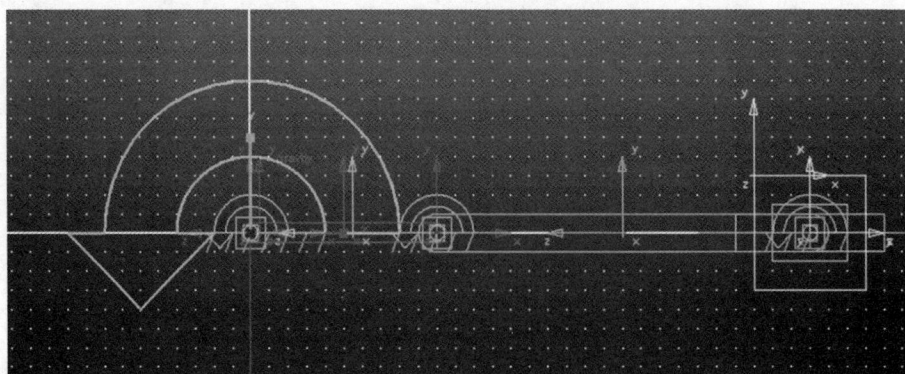

图 6-18　建立旋转运动

6-18彩图

（7）运动仿真：在主工具箱中单击仿真工具图标，设置参数 End time＝3.0，Steps＝200，单击开始按钮，模型开始运动。在仿真过程中，可以单击停止按钮结束仿真。

## 6.3　ADAMS 仿真设计举例

如图 6-19 所示的曲柄连杆机构，曲柄 $AC$ 长为 90 mm，$OC$ 距离为 300 mm，计算 $\beta=30°$ 时的 $\dot{r}$、$\ddot{r}$、$\dot{\theta}$、$\ddot{\theta}$，通过 ADAMS/View 建立如图 6-20 所示的曲柄连杆机构模型。

**1. 运行 ADAMS**

（1）启动 ADAMS/View，出现欢迎对话框，选择 New Model 选项，打开 Create New Model 对话框，Gravity（重力）设置选择 Earth Normal 选项，Units（单位）设置选择 MMKS-mm. kg，N，s，deg，设置完毕点击"OK"。

88

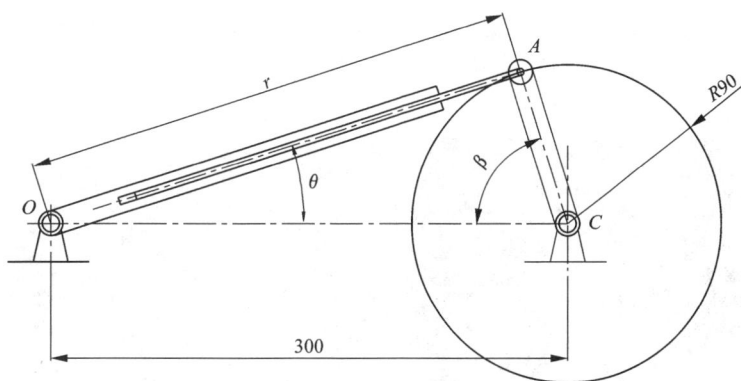

图 6-19　曲柄连杆机构

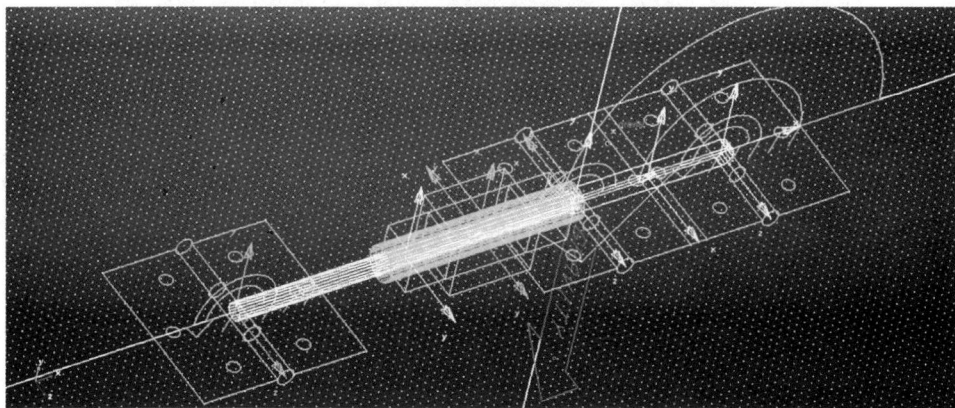

图 6-20　曲柄连杆机构模型

6-20彩图

（2）创建新模型后，在 ADAMS/View 工作窗口的左上角显示有模型的名称。若 ADAMS/View 中没有默认设置为经典界面，就选择菜单栏中的 Settings→Interface Style→Classic 命令，将界面切换为经典界面。

**2. 设置建模环境**

（1）选择 Settings→Working Grid 命令，打开参数设置对话框，设置工作栅格，在 Size 栏的 X 和 Y 项都输入 300 mm，在 Spacing 栏的 X 和 Y 项都输入 5 mm，确认 Show Working Grid 复选框是选中状态，设置完毕点击"OK"。

（2）单击主工具箱中的选择图标，单击缩放工具图标，在窗口内上下拖动鼠标，使之能够显示整个工作栅格。选择 View→Coordinate Windows 命令，在屏幕右下角弹出坐标窗口，能随时显示鼠标的位置。

**3. 几何建模**

（1）右击主工具箱中的几何建模工具集图标，弹出级联图标，单击连接图标，在主工具箱下方设置栏中的 Link 下拉列表框中选择 New Part，选中 Length 复选框，并在下面的文本框中输入曲柄的长度 9.0 cm。

（2）在屏幕上单击(0，0，0)处和任一点，绘制曲柄，如图 6-21 所示。若要调整曲柄的长度尺寸参数，可以右击曲柄的右端点标记点 MARKER_2，弹出快捷菜单，选项 Modify 命令，打开标记点修改对话框，然后输入修改值，如图 6-22 所示。

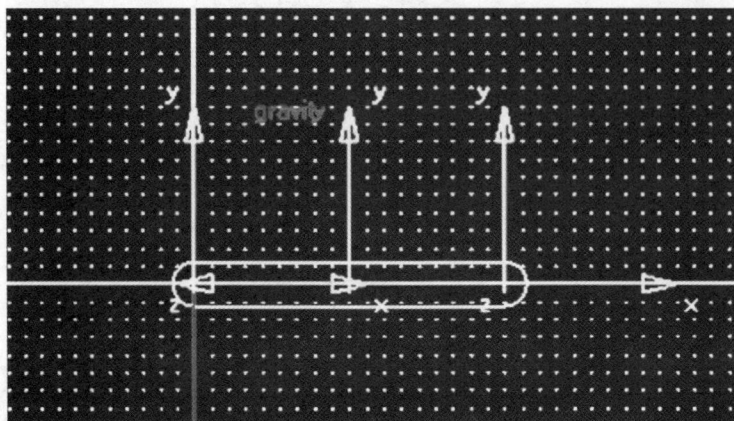

图 6-21　绘制曲柄

6-21彩图

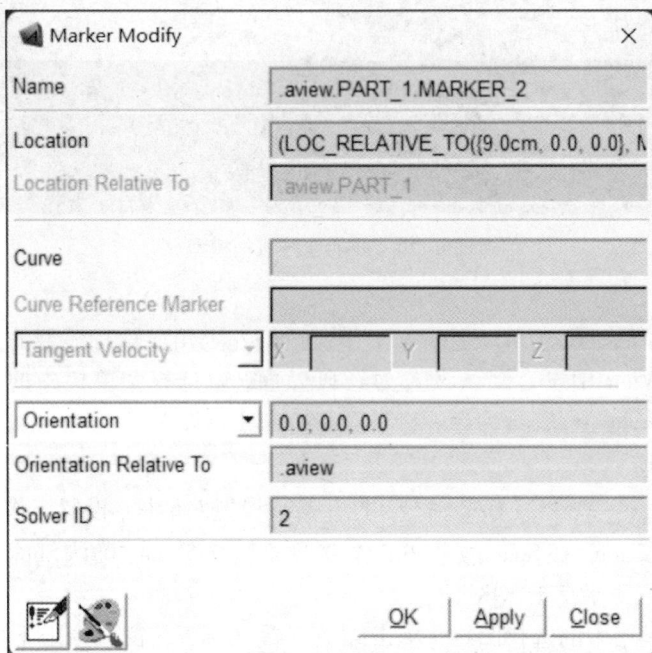

图 6-22　修改参数

（3）右击主工具箱中的几何建模工具集图标，弹出级联图标，单击回转体图标，在主工具箱下方设置栏中的 Link 下拉列表框中选择 New Part，分别在屏幕上单击(0，0，0)处和(-120，0，0)处，建立回转中心线。用鼠标分别在(0，5，0)、(0，10，0)、(-120，10，0)、

(-120, 5, 0)、(0, 5, 0)处绘制出圆柱体的轮廓。以上各点绘制完成后，右击完成圆柱体，如图 6-23 所示。

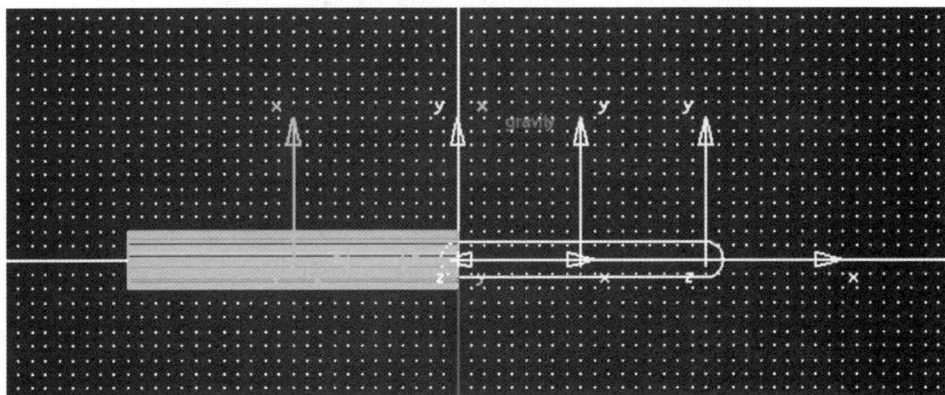

图 6-23　滑块建模

6-23彩图

（4）右击主工具箱中的几何建模工具集图标，弹出级联图标，单击圆柱图标，在主工具箱下方设置栏中的 Link 下拉列表框中选择 New Part，分别选中 Length 和 Radius 复选框，把圆柱体的长度和半径分别设置为 21.0 cm 和 0.5 cm，单击(0, 0, 0)处，并在(0, 0, 0)处的左侧单击，活塞部分会自动生成，如图 6-24 所示。

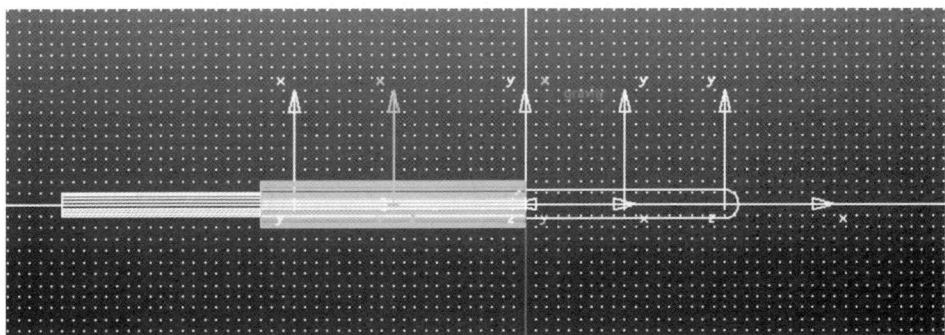

图 6-24　活塞建模

6-24彩图

**4. 建立约束**

（1）右击主工具箱中的添加约束工具集图标，弹出级联图标，单击铰链图标。

（2）在主工具箱下方设置栏中的 Construction 下拉列表框中选择 1 Location 和 Normal To Grid，单击曲柄的右端点(90, 0, 0)，生成一铰接件，如图 6-25 所示。

（3）重复步骤（1），在(-210, 0, 0)处也建立一铰接件，如图 6-26 所示。

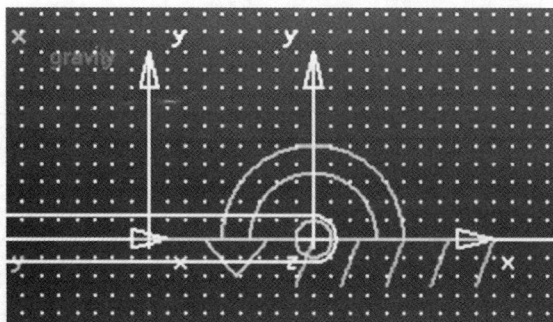

图 6-25　铰接建模

6-25彩图

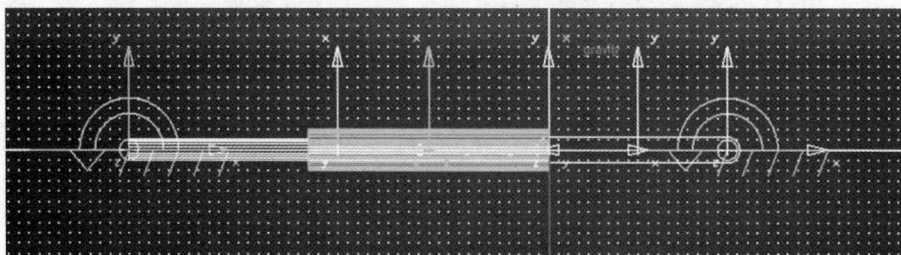

图 6-26　铰接件建模

6-26彩图

（4）由于在(-210, 0, 0)处有滑块和活塞两个零部件，为了让铰接件只连接大地和滑块，右击新建的铰接件，在弹出的快捷菜单中选择 Modify 命令，打开铰接件修改对话框，确认 First Body 为 PART_3，Second Body 为 ground。

（5）下面在两个构件间建立铰接。重复步骤(1)，在主工具箱下方设置栏中的 Construction 下拉列表框中选择 2 Bod-1 Loc 和 Normal To Grid；先点击曲柄，再点击活塞，然后单击两者结合处，完成铰接件，如图 6-27 所示；重复步骤(4)，确认新建的铰接件连接曲柄 PART_2 和活塞 PART_4。

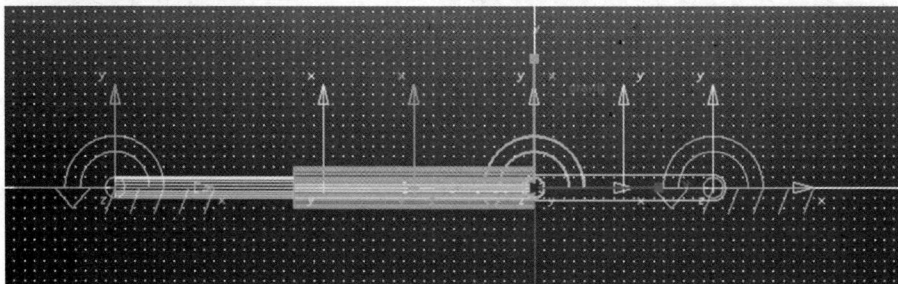

图 6-27　两构件间的铰接建模

6-27彩图

(6)右击主工具箱中的添加约束工具集图标,弹出级联图标,单击棱柱副图标,在主工具箱下方设置栏中的 Construction 下拉列表框中选择 2 Bod-1 Loc 和 Pick Feature。

(7)单击活塞和滑块,确定相对运动的部件。因为两者有重叠部分,在选择活塞时,可以在活塞位置处右击,在弹出的 Select 对话框中选择 PART_4;同样,在选择滑块时,也可以在滑块位置处右击,在弹出的 Select 对话框中选择 PART_3。

(8)在滑块中心位置单击,确定运动副位置,移动鼠标使箭头呈水平方向,确定运动方向,完成平移水平副,如图 6-28 所示。

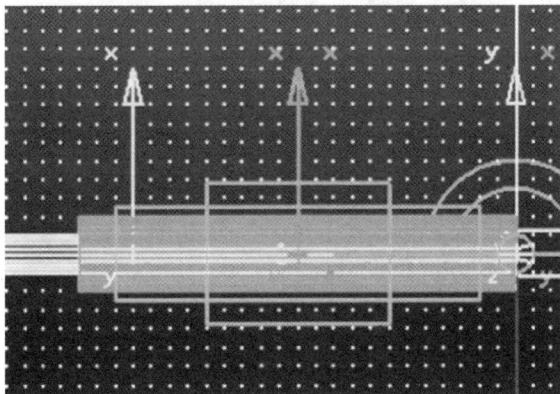

图 6-28　平移运动副建模

6-28彩图

### 5. 设置初始状态

所有部件都已建立,约束也已添加完成,接下来是指定曲柄的旋转速度。

(1)在主工具箱中单击旋转铰运动图标,打开参数设置栏,设置曲柄的转动速度为 60 弧度/秒,在 Speed 文本框中输入 60 r。

(2)单击曲柄右侧的铰接副产生旋转运动,如图 6-29 所示,在该铰接副位置处出现一较大的运动方向箭头,如图 6-30 所示。

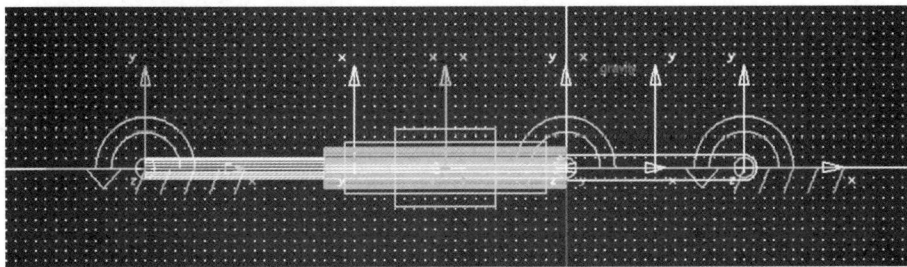

图 6-29　产生旋转运动

6-29彩图

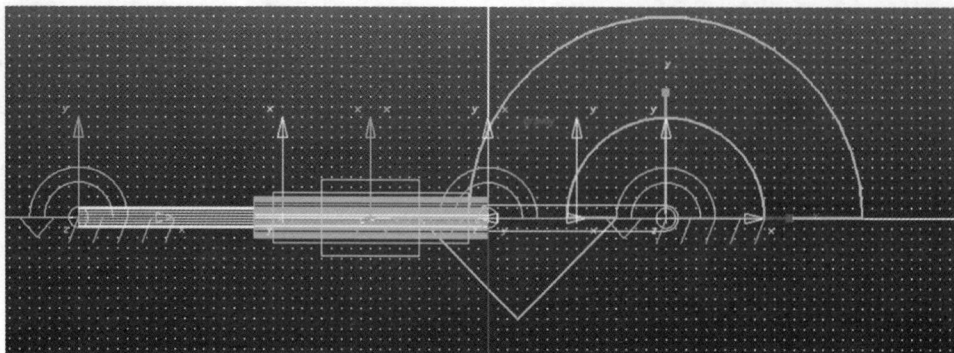

图 6-30　旋转运动建模

6-30彩图

## 6. 运行仿真

（1）在主工具箱中单击仿真分析图标，打开参数设置栏，设置 End Time 为 0.008726［即旋转 300 的时间，（pi/6）/60 = 0.008726］，Steps 为 100。

（2）单击开始仿真图标，模型开始运动，到结束时间运动结束，如图 6-31 所示。

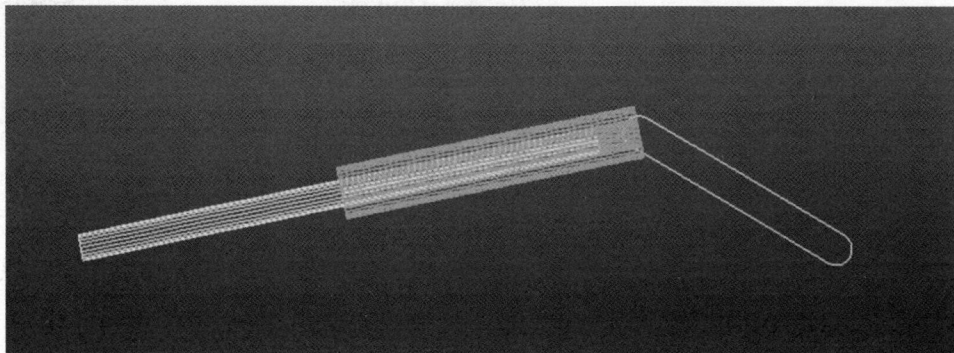

图 6-31　运动仿真

6-31彩图

## 7. 仿真结果

（1）在 ADAMS 中选择 Build→Measure→Point-to-Point→New 命令，打开参数设置对话框，如图 6-32 所示，为了测量，先输入一个名字，如 rdot。在 To Point 文本框中输入 MARKER_8，即滑块左侧铰接点处大地的标记点；在 From Point 文本框中输入 MARKER_10，即曲柄和活塞的连接点。在 Characteristic 下拉列表框中选择 Translational velocity，以测量加速度。

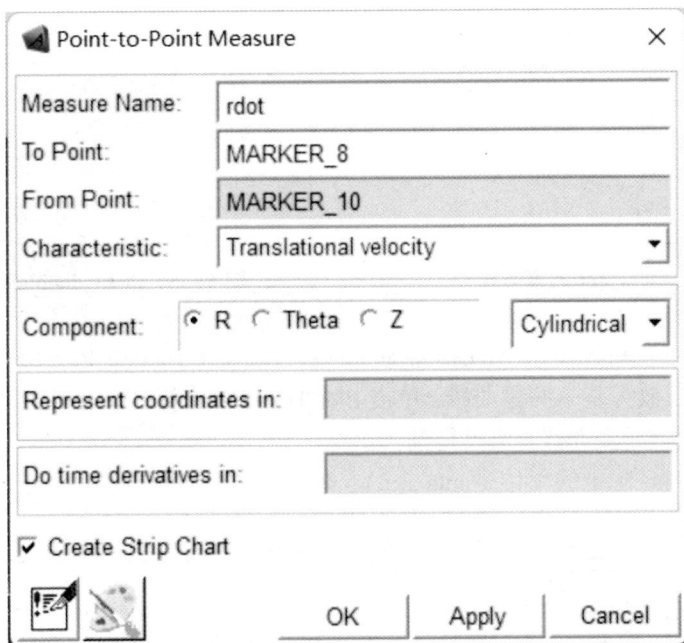

图 6-32　参数设置对话框

（2）选择 Cylindrical（圆柱）坐标系，并选中 R 单选按钮；设置完毕单击 Apply 按钮，弹出测量窗口，如图 6-33 所示。重复步骤（1），新建测量 r_doubledot，在 Characteristic 下拉列表框中选择 Translational velocity，以测量加速度，测量结果如图 6-34 所示。

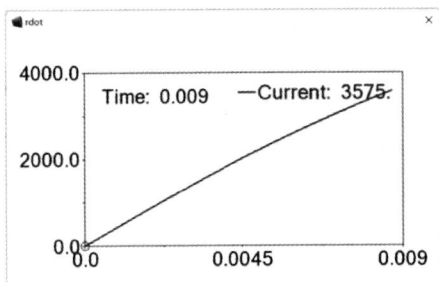

图 6-33　rdot 测量曲线测量窗口

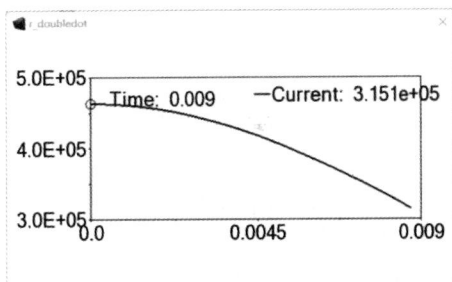

图 6-34　r_doubledot 测量曲线测量窗口

（3）重复步骤（1），新建测量 theta_dot，在 Characteristic 下拉列表框中选择 Translational velocity，以测量其速度，并选择 Theta 选项，测量结果如图 6-35 所示；重复步骤（1），新建测量 theta_doubledot，在 Characteristic 下拉列表框中选择 Translational velocity，以测量加速度，并选择 Theta 选项，测量结果如图 6-36 所示。

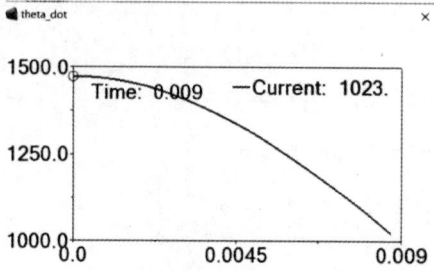

图 6-35 theta_dot 测量曲线

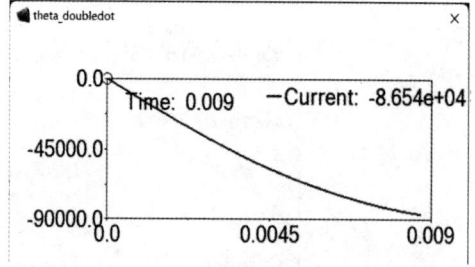

图 6-36 theta_doubledot 测量曲线

右击每个测量窗口，在弹出的快捷菜单中选择 Transfer To Full Plot 命令，进入 ADAMS/Postprocessor 窗口，放大整个测量曲线，单击 Plot Tracking 图标，可以得到不同时刻各测量点的精确数值。通过该仿真曲线，可以得到：

rdot = 3.575 m/s(图中的单位是 mm/sec)，如图 6-37 所示。

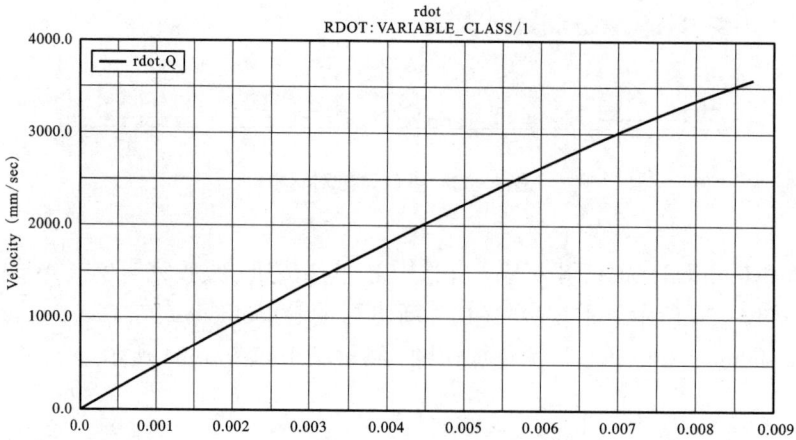

图 6-37 rdot 测量曲线

r_doubledot = 315.11 m/s$^2$，如图 6-38 所示。

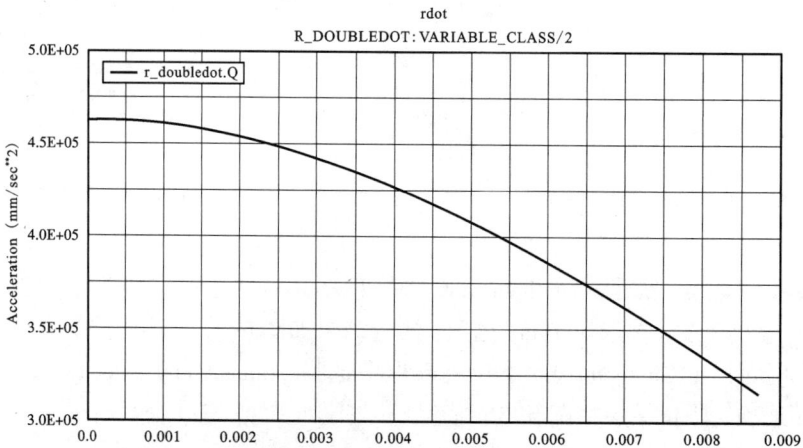

图 6-38 r_doubledot 测量曲线

96

theta_dot = 1023.4 deg/sec ≈ 17.86 rad/s，如图 6-39 所示。

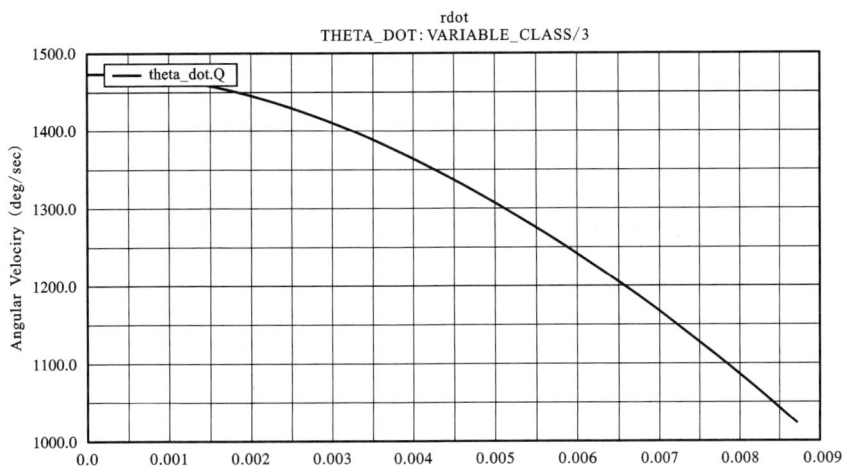

图 6-39　theta_dot 测量曲线

theta_doubledot = -86542.26 deg/sec$^2$ ≈ -1510.45 rad/s，如图 6-40 所示。

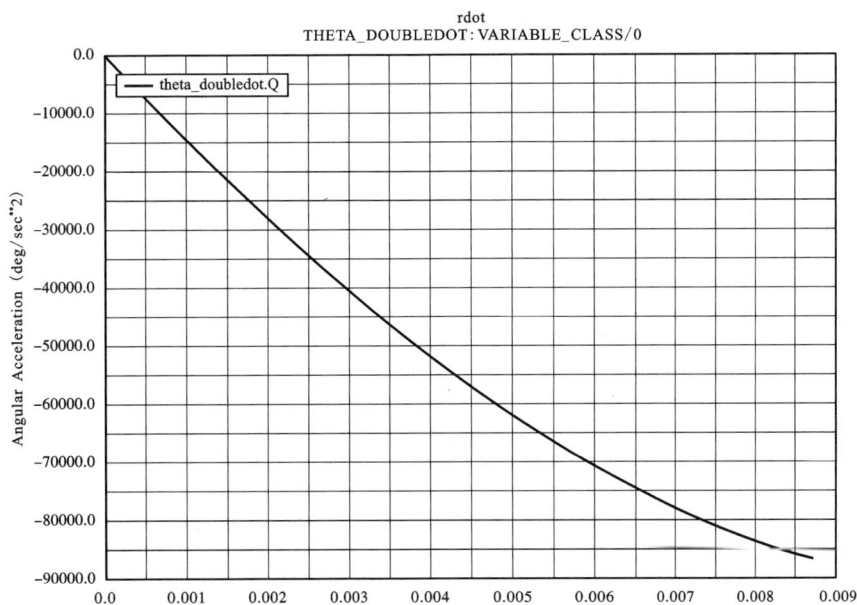

图 6-40　theta_doubledot 测量曲线

# 第 7 章
# 机械运动方案设计实例

## 7.1 步进送料机运动方案设计

设计某自动生产线的一部分——步进送料机,如图 7-1 所示。加工过程中,要求若干个相同的被输送的工件间隔相等的距离 $a$,在导轨上向左依次间歇运动,每个零件耗时为 $t_1$,移动距离 $a$ 后间歇时间为 $t_2$。要求:电机驱动;输送架平动,其上任一点的运动轨迹近似为虚线所示的闭合曲线;轨迹曲线的 $AB$ 段为近似的水平线段,其长度为 $a$,轨迹曲线的 $CDE$ 段的最高点低于直线段 $AB$ 的距离,至少为 $b$,以保证零件停歇时不受到输送架的回碰。

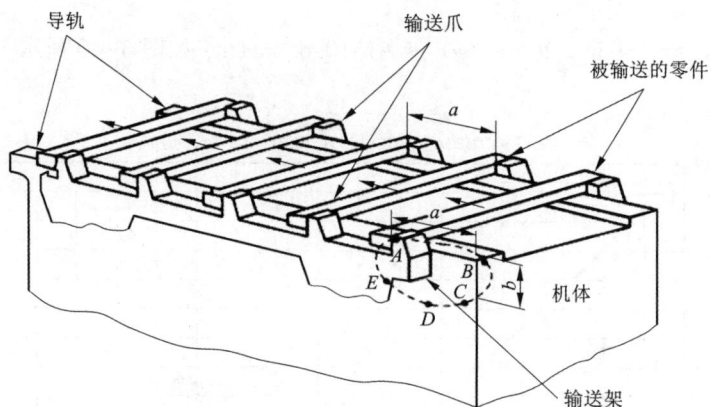

图 7-1　步进送料机组成示意图

**1. 设计思路**

该系统由电动机驱动,通过带—蜗杆减速器将运动传给齿轮,再由各级齿轮进行减速,使其转速满足移动速度要求,最后利用齿轮和连杆将运动传给输送架。工作原理分解如图 7-2 所示。

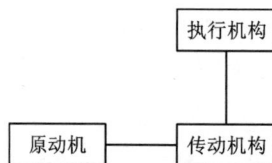

图 7-2　工作原理分解图

**2.传动机构的设计与比较**

根据传动机构的特点，提出以下四种方案。

方案 1：采用凸轮—摇杆机构，如图 7-3 所示。

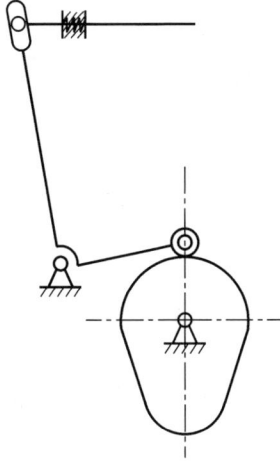

图 7-3　凸轮—摇杆机构方案图

该机构能够满足运动轨迹的要求，但由于有凸轮机构，导致机构的运动路线计算非常复杂，且凸轮机构易磨损，平衡性较差，导致机构运动时将产生较大的噪声，加上构件的寿命短，所以舍弃该方案。

方案 2：采用圆柱凸轮机构，如图 7-4 所示。

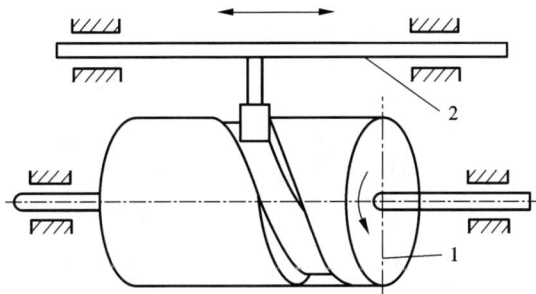

1—圆柱凸轮；2—工件。

图 7-4　圆柱凸轮机构方案图

该机构虽能实现工件的移动，但不能满足设计要求的输送爪的运动轨迹，所以舍弃该方案。

方案 3：采用齿轮齿条机构，如图 7-5 所示。

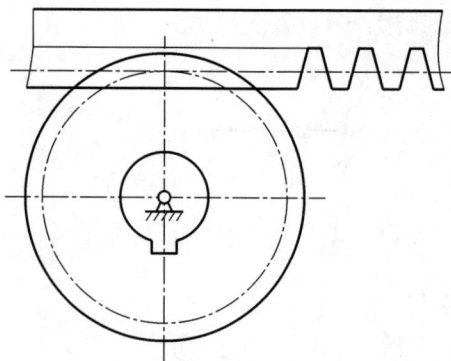

图 7-5　齿轮齿条机构方案图

该机构虽能实现工件在工作台上的间歇运动，也能满足设计要求的时间间歇，但其传送装置为环状传送带，不满足本设计要求的曲线，所以舍弃该方案。

方案 4：采用齿轮—连杆机构，如图 7-6 所示。

经过分析和讨论，方案 4 满足本设计要求的运动规律，故选择该方案。

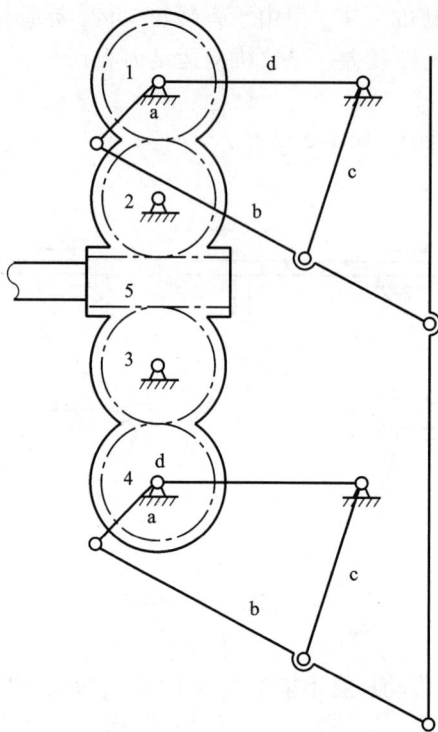

1、2、3、4—齿轮；5—齿条。a-b-c-d-连杆机构。

图 7-6　齿轮—连杆机构方案图

**3. 执行机构的选择**

方案 1：带传动，如图 7-7 所示。

方案 2：机械爪，如图 7-8 所示。

经过分析和讨论，选择方案 2。

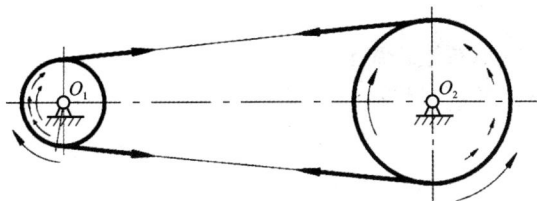

图 7-7 带传动方案图

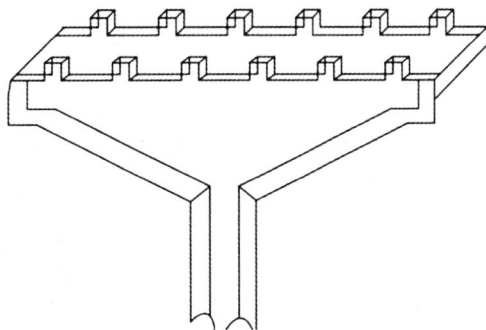

图 7-8 机械爪外形图

**4. 送料机的机构运动简图**

综上，步进送料机的机构运动简图如图 7-9 所示。

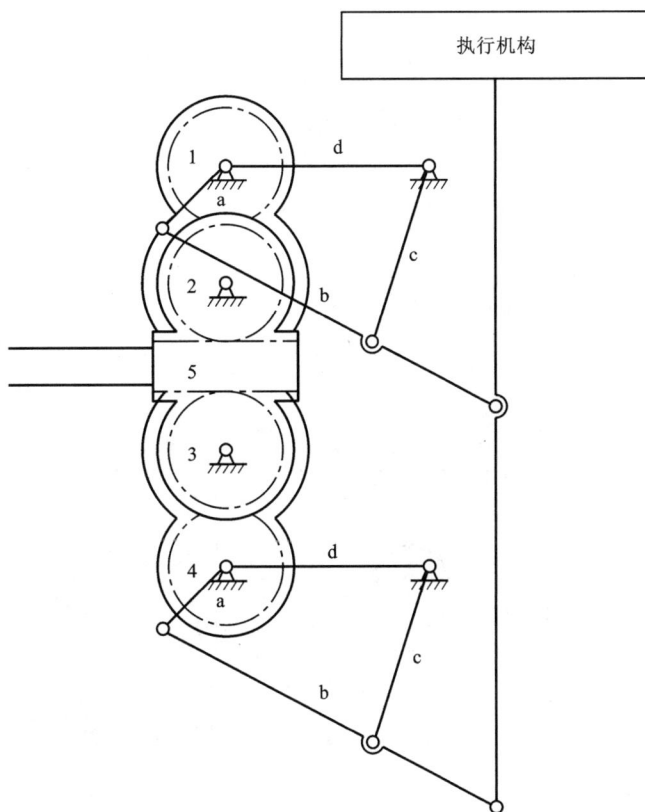

1、2、3、4—齿轮；5—齿条。a-b-c-d-连杆机构。

图 7-9 送料机的机构运动示意图

## 7.2 自行小车运动方案设计

设计并制作一种具有方向控制功能的自行小车，要求小车必须在规定的赛场内运行，所需的能量可由给定重力势能转换而得，也可通过热能转换而得，除此之外不可以使用任何其他来源的能量。要求小车具有转向功能，且此转向控制机构需要具有可调节装置，以适应放有不同间距障碍物的竞赛场地。

**1. 以重力势能驱动的具有方向控制功能的自行小车设计思路**

由于要求小车在行走过程中完成所有动作所需的能量均由给定重力势能转换而得，给定重力势能为 4 J（取 $g = 10$ m/s$^2$），拟采用质量为 1 kg 的重块（$\phi$50 mm×65 mm，普通碳钢）铅垂下降来获得，落差（400±2）mm，重块落下后，须被小车承载并同小车一起运动，不允许从小车上掉落。图 7-10 为重力势能驱动小车外形结构及重块高度尺寸示意图。拟定小车为三轮结构，其中一轮为转向轮，另外两轮为行进轮，允许两个行进轮中的一个为从动轮。

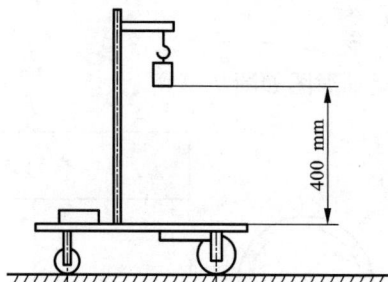

图 7-10　重力势能驱动小车结构及重块高度尺寸示意图

重力势能驱动小车自动行走的"S"形赛道如图 7-11 所示，赛道宽度为 2000 mm，沿直线方向水平铺设。按"隔桩变距"的规则设置赛道障碍物（桩），要求小车在前行时能够自动绕过赛道上设置的障碍物。

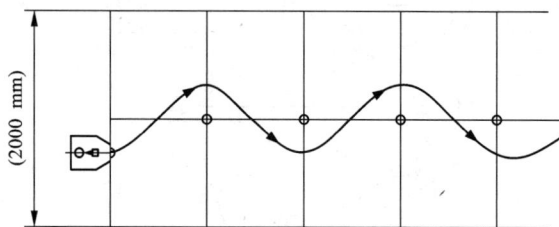

图 7-11　重力势能驱动小车自动行走赛道示意图

102

重力势能驱动自行小车主要由原动机构、传动机构、转向机构、行走机构、微调机构等五部分功能组成。各功能部分执行机构方案如图7-12所示。

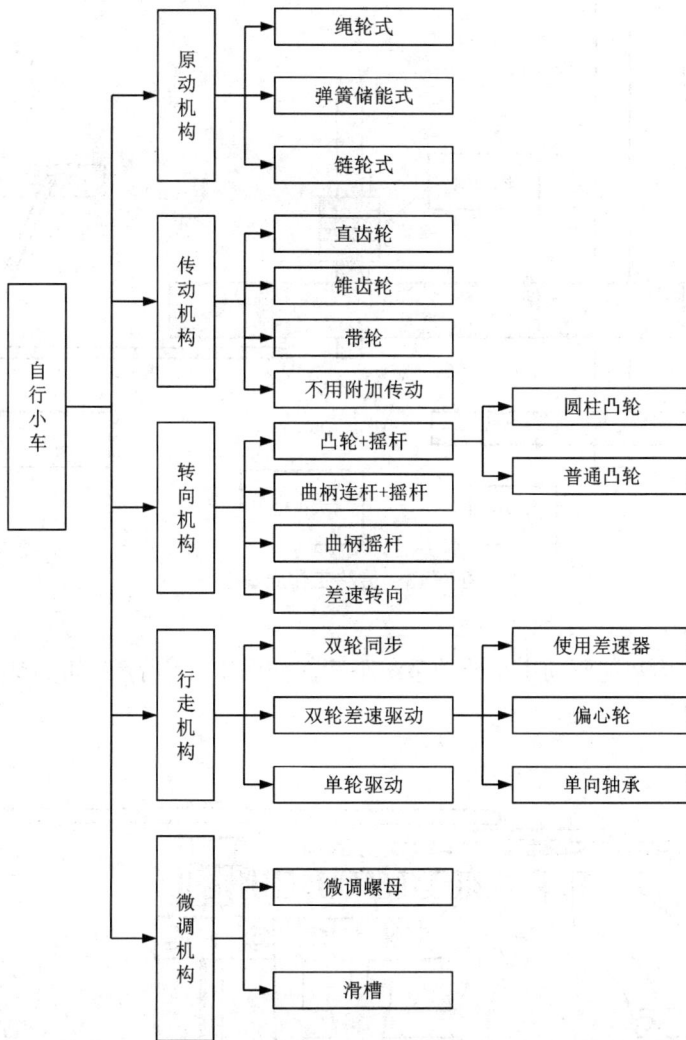

图7-12　重力势能驱动自行小车功能原理图

驱动采用后轮单边驱动，驱动机构要求能量损耗小、传动比准确，故优先选用齿轮传动。转向机构要求控制精度高、摩擦损失小，故选用偏心轮式曲柄摇杆机构，通过滑槽进行微调。

小车驱动机构中，重物块下降的重力势能通过滑轮传递给绕线轴，绕线轴上装有齿轮，通过齿轮实现动力的传动。小车转向机构采用偏心轮式曲柄摇杆机构。绕线轴通过其中的小齿轮将驱动力传递给与偏心轮同轴的齿轮，再通过偏心轮上的滚子轴承传递给推杆，将偏心轮的旋转运动转化成直线轴承座中推杆的直线间隙运动，前轮与摇杆固连为一体，从而实现小车的左右转向，实现"S"形路线的自动行走。为了防止空间运动干涉，连杆与曲柄和摇杆连接采用球铰，图7-13为最终确定的工作原理图。

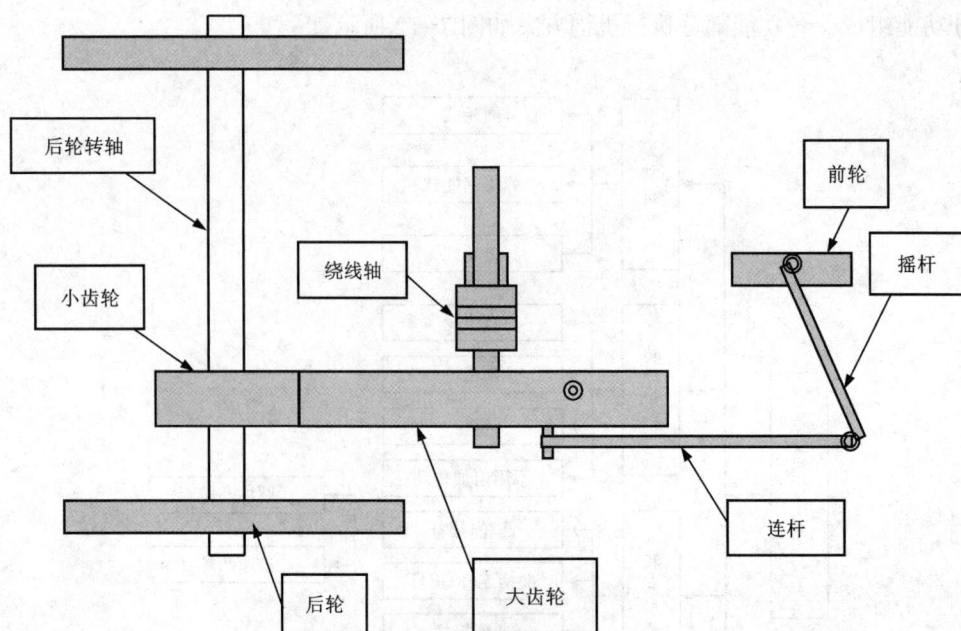

图 7-13　最终工作原理图

　　设计完成的重力势能驱动小车传动系统平面图如图 7-14 所示，重力势能驱动小车的三维模型图如图 7-15 所示。

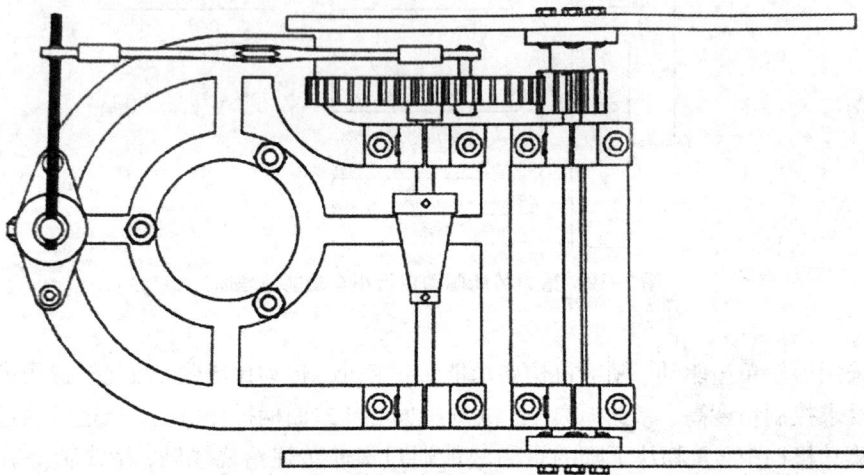

图 7-14　重力势能驱动小车传动系统平面图

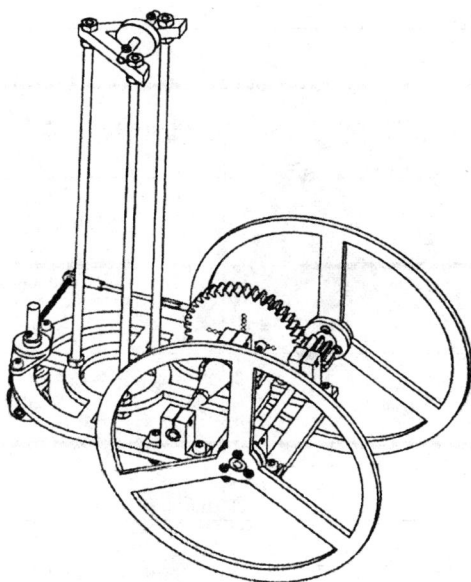

图 7-15　重力势能驱动小车的三维模型图

重力势能驱动小车的机构运动简图如图 7-16 所示。

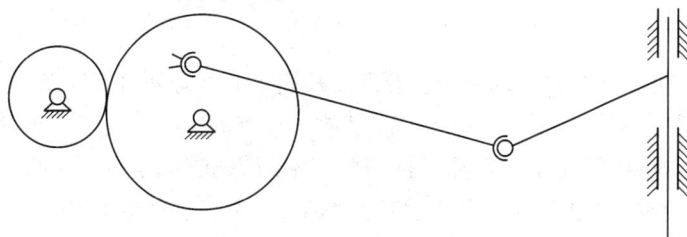

图 7-16　重力势能驱动小车的机构运动简图

**2. 以热能驱动的具有方向控制功能的自行小车设计思路**
拟定小车所用热能是通过浓度 95% 液态乙醇燃烧所获得的。

驱动车场地为 5200 mm×2200 mm 长方形平面区域(图 7-17),驱动车必须在规定的赛场内运行。图中粗实线为边界挡板和中间隔板,两块长 1000 mm 的中间隔板位于两条直线段赛道之间,且两块中间隔板之间有 1000 mm 的缺口,缺口处的隔板中心线上可以放一块活动隔板[图 7-17(b)];赛道上的点画线为赛道中心线,用于计量运行成绩及判定绕桩是否成功;驱动车必须放置在发车区域内,并在发车线后按照规定的出发方向发车,前行方向为逆时针方向;在赛道中心线上放置有障碍物(桩)[如图 7-17(a)所示的圆点],障碍桩为直径20 mm、高 200 mm 的圆棒,障碍桩间距指两个障碍桩中心线之间的距离。

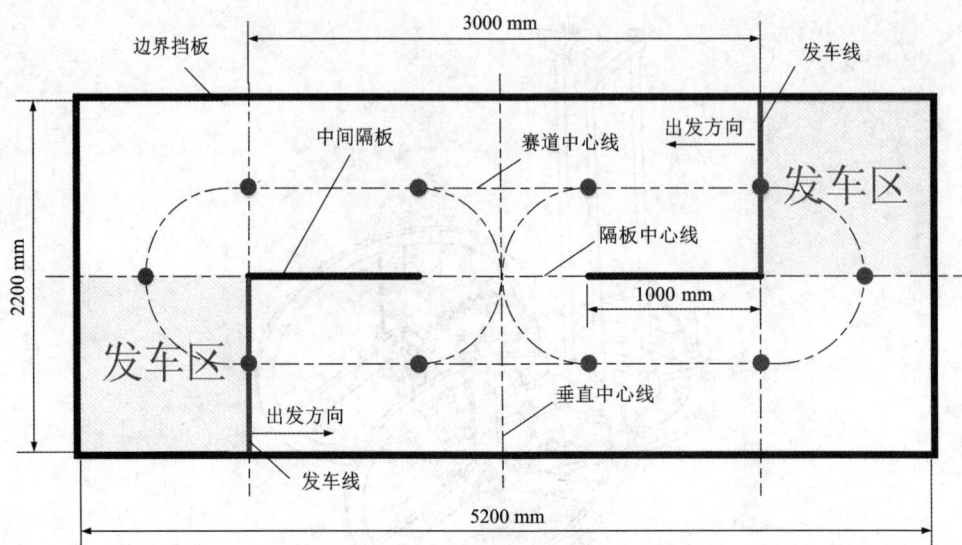

注：赛道上无"发车区"字样和"剖面线"；5200 mm、2200 mm均为内尺寸。

(a)驱动车赛道示意图

（b)活动隔板形状

**图7-17　热能驱动小车的行走场地**

现场初赛时，缺口处放置活动隔板；沿直线赛道中心线放置4个障碍桩（图7-18），最初的障碍桩从发车线开始按平均间距1000 mm摆放。比赛时，第一根障碍桩和第四根障碍桩的位置不变，中间两根障碍桩（第二根障碍桩和第三根障碍桩）的位置在−300 mm～+300 mm范围内沿赛道同向调整（即"正"为沿赛道逆时针调整，"负"为沿赛道顺时针调整），其调整值由现场抽签决定。

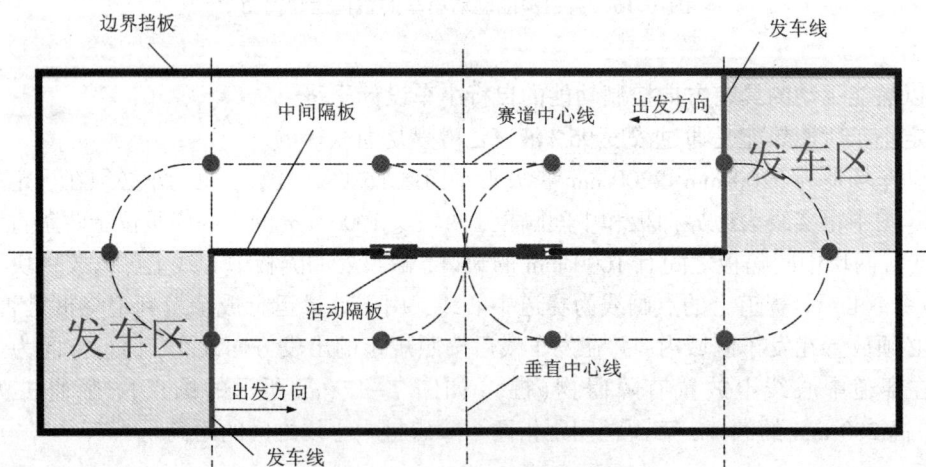

**图7-18　现场初赛赛道示意图**

现场决赛时,障碍桩数量和间距均要改变,障碍桩沿直线赛道方向的垂直中心线对称分布并等间距放置,障碍桩间距不小于 600 mm,其障碍桩间距和数量由现场抽签决定,决赛赛道示意图如图 7-19 所示。

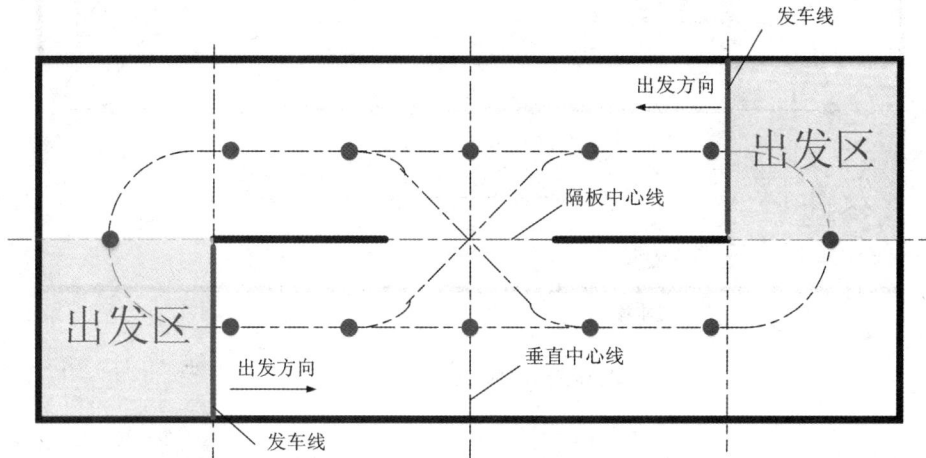

图 7-19　现场决赛赛道示意图

### 3. 运行方式

驱动车有环形、8 字和综合三种运行方式,其中环形为在赛道上走 S 轨迹[如图 7-20(a)所示],8 字为在赛道上走类 8 字形轨迹[如图 7-20(b)所示],综合则为在赛道上交替完成环形和 8 字两种运行方式,次序不限。现场初赛采用环形运行方式,缺口处有活动隔板;现场决赛有环形、8 字和综合三种运行方式。不同的运行方式使用不同的难度系数,在一圈里不能出现有两种运行方式。

### 4. 设计方案

本设计方案选择齿轮传动及带传动复合的传动方案,具体选择思路如下。

(1)传动机构设计。

前两级为带传动,发动机输出端为带传动,带传动将发动机的高转速传递到发动机底座的轴上,再通过带传动将动力传递到后轮。采用带传动能够降低安装需求,而且具有吸振缓冲的作用,使得传动相对平稳。此部分不需要准确的传动比,有效避免了带传动的缺点。

后两级为齿轮传动,将后轮轴的动力传动至前凸轮轴,实现凸轮控制小车的转向效果。这两级主要是为了保证固定的传动比,所以选择齿轮传动,可提高传动精度,同时也提高了转向精度,保证小车的行驶轨迹能按所设计的路线行走。

(2)转向机构方案选择。

转向机构是本小车设计的关键部分,直接决定着小车的功能。转向机构也同样需要尽可能地满足减少摩擦耗能、结构简单、零部件易获得等基本条件,同时还需要有特殊的运动特性,如能够将旋转运动转化为满足要求的来回摆动,带动转向轮左右转动,从而实现拐弯避障的功能。拟定的转向方案有以下三种。

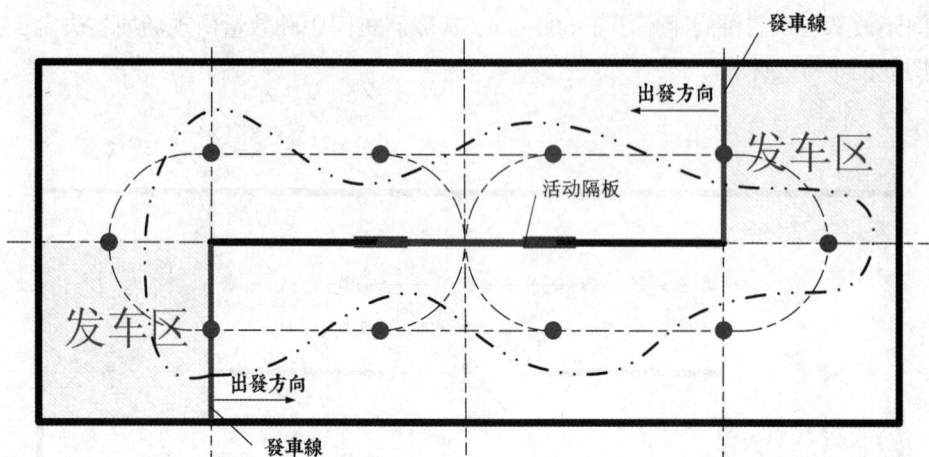

(a)热能驱动车的环形运行方式示意图

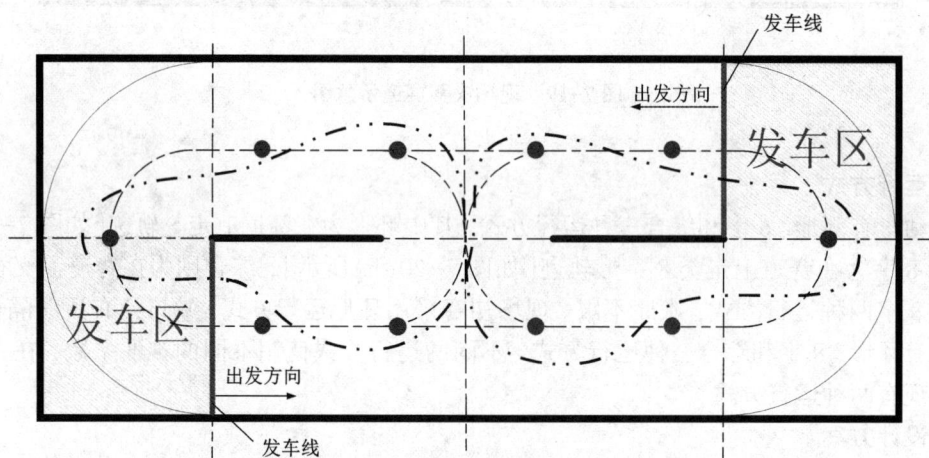

(b)热能驱动小车的8字运行方式示意图

图 7-20 热能驱动小车的运行方式示意图

①曲柄连杆机构。

一般情况下只能近似实现给定的运动规律或运动轨迹,且设计较为复杂;当给定的运动要求较多或较复杂时,需要的构件数和运动副数比较多,这样就使机构的结构比较复杂,工作效率降低,不仅发生自锁的可能性增加,而且机构运动规律对制造、安装误差的敏感性增加。

②曲柄摇杆机构。

效率低且具有急回特性,使转向不稳定。

③凸轮机构。

凸轮是具有一定曲线轮廓或凹槽的构件,它运动时,通过高副接触可以使从动件获得连续或不连续的任意预期往复运动。只需设计适当的凸轮轮廓,便可使从动件得到任意的预期

108

运动,而且结构简单、紧凑,设计方便。凸轮机构与前轮转向直接接触,由于橡皮筋容易调节弹力,且弹力范围较大,可保证在凸轮转动的过程中得到一个合适的拉力,从而保证小车按正确路线行走。

综上所述,本设计选择了凸轮机构作为小车的转向机构。

(3)相关设计和计算。

①总传动比。

根据所设计的路线和后轮的大小,共同决定总传动比为 1/25。

②单圈总路线长。

根据 CAD 模拟赛场及路线轨迹,我们得到初赛时小车的理论路程为 11441.328 mm,决赛时小车的理论路程为 11441.341 mm。

③带轮。

使用的斯特林发动机虽然有较高的速度,但是动力不是很足,而带轮的预紧力及两带轮之间的位置通过多次的测试,最终得到了最合适的传动效果。

(4)齿轮机构的计算及传动比计算。

$$传动比 = 路程 / 后轮圆周周长$$
$$\Rightarrow 25 = 11441.3 / (\pi \times 79.1 \times 2) = 5 \times 5 = (70/14)^2$$

两对一样的齿轮,小齿轮齿数 28 齿,大齿轮齿数 140 齿,模数均为 0.5,分度圆直径为:

$$14 = 0.5 \times 28 (小齿轮)$$
$$70 = 0.5 \times 140 (大齿轮)$$

一对齿轮的传动比为 70 : 14 = 5。

(5)凸轮的设计。

采用凸轮机构实现转向功能。根据理论轨迹设计凸轮,而在测试过程中,由于速度和摩擦力的影响,只能得到一个理论的凸轮。最终经过不断的测试与改进,才得到了最终的凸轮轨迹数据,见表 7-1。

表 7-1　8 字凸轮轨迹数据表

| 路径轨迹拐点 | 路径长度/mm | 顶针到凸轮中心距离/mm | 所占凸轮转过角度/(°) |
|:---:|:---:|:---:|:---:|
| ① | 323.947 | 40 | 10.193 |
| ② | 413.801 | 43.34 | 13.039 |
| ③ | 954.589 | 35.825 | 30.036 |
| ④ | 1076.852 | 40 | 33.962 |
| ⑤ | 954.589 | 43.34 | 30.036 |
| ⑥ | 413.801 | 35.825 | 13.039 |
| ⑦ | 323.947 | 40 | 10.193 |
| ⑧ | 1256.637 | 44.54 | 39.541 |

| 路径轨迹拐点 | 路径长度/mm | 顶针到凸轮中心距离/mm | 所占凸轮转过角度/(°) |
|---|---|---|---|
| ⑨ | 323.947 | 40 | 10.193 |
| ⑩ | 413.801 | 35.825 | 13.039 |
| ⑪ | 954.589 | 43.34 | 30.036 |
| ⑫ | 1076.852 | 40 | 33.962 |
| ⑬ | 954.589 | 35.825 | 30.036 |
| ⑭ | 413.801 | 43.34 | 13.039 |
| ⑮ | 323.947 | 40 | 10.193 |
| ⑯ | 1256.637 | 34.325 | 39.354 |
| 合计 | 11441.328 | | 360 |

初步拟定的凸轮形状,如图7-21(a)所示。但为了适应赛道要求,对原先的凸轮进行了廓线修改,最终的凸轮形状如图7-21(b)所示。

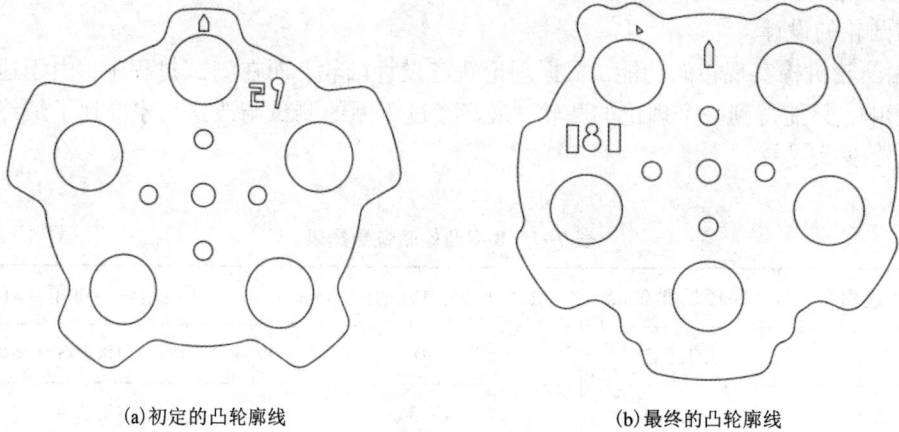

(a)初定的凸轮廓线                    (b)最终的凸轮廓线

图7-21　凸轮廓线形状前后对比图

最终设计完成的热能驱动小车机构运动简图如图 7-22 所示。

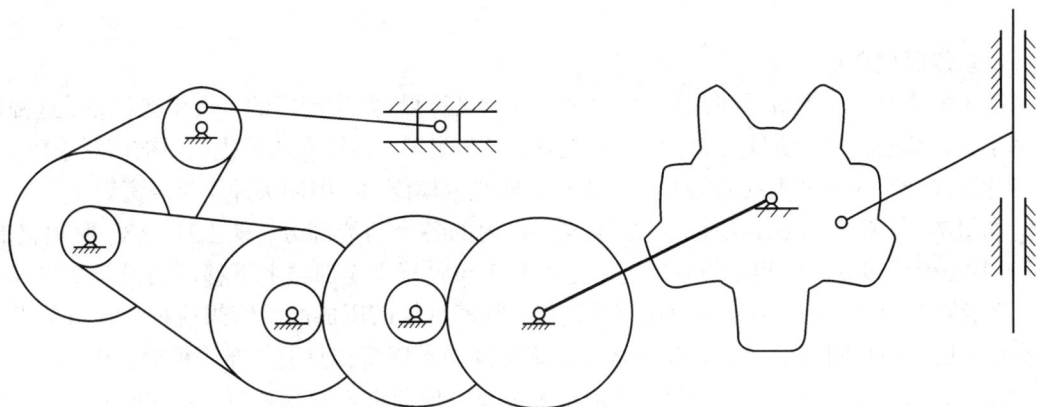

图 7-22　热能驱动小车机构运动简图

最终设计出的热能驱动小车三维模型如图 7-23 所示。

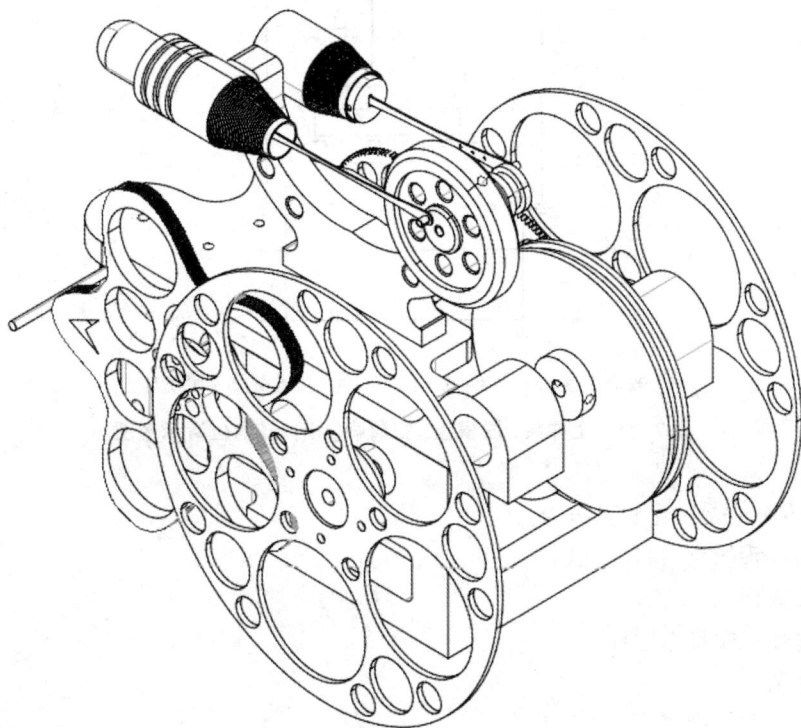

图 7-23　热能驱动小车的三维模型图

## 7.3  冲压式蜂窝煤成型机运动方案设计

**1. 功能原理介绍**

冲压式蜂窝煤成型机是我国城镇蜂窝煤(通常又称煤饼)生产厂的主要生产设备,这种设备由于具有结构合理、质量可靠、成型性能好、经久耐用、维修方便等优点而被广泛采用。

冲压式蜂窝煤成型机的功能是将粉煤加入转盘的模筒内,用冲头冲压成蜂窝煤。

如图 7-24 所示,该图展示了蜂窝煤成型机内的各个功能部分,即上冲头 3、脱模盘 5、扫屑刷 4、模筒转盘 1 的相互位置情况。上冲头 3 与脱模盘 5 都与上下移动的滑梁 2 连成一体,当滑梁下冲时,上冲头将煤粉压成蜂窝煤,脱模盘将已压成的蜂窝煤脱模。在滑梁上升过程中,扫屑刷将刷除上冲头和脱模盘上黏附的煤粉。模筒转盘上均布了模筒,转盘的间歇运动使加料后的模筒进入加压位置,含成型蜂窝煤的模筒进入脱模位置,空的模筒进入加料位置。

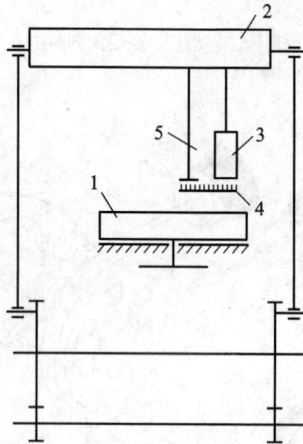

1—模筒转盘;2—滑梁;3—上冲头;4—扫屑刷;5—脱模盘。

图 7-24  上冲头、脱模盘、扫屑刷、模筒转盘位置示意图

该机械必须完成的五个动作为:

(1)利用煤粉的重力自动加料。

(2)冲压成型。

(3)蜂窝煤在模具内脱模。

(4)扫除杂屑。

(5)输送成型的蜂窝煤。

**2. 设计要求**

(1)蜂窝煤成型机的生产能力为 40 次/min。

(2)由于同时冲两只煤饼的冲头压力较大,最大可达 50000 N,其压力变化近似认为是在冲程的一半进入冲压,压力呈线性变化,直接由零值至最大值。因此,希望冲压机构具有增

力功能,以减小机器的速度波动,减小原动机的功率。

(3)驱动电机目前采用 Y160L-60,其功率 $N=11$ kW,转速 $n=960$ r/min。

(4)设计方案应简单可靠。

(5)为改善蜂窝煤成型机的质量,希望在冲压后有一个短暂的保压时间。

输送步骤较为简单,可忽略。蜂窝煤的冲压与脱模可用一个机构来完成,再加上扫屑机构以及模筒转盘间歇机构,这三个机构就是设计冲压式蜂窝煤成型机的重点。

**3. 运动方案的拟定和选择**

根据上冲头和脱模盘、扫屑刷、模筒转盘这三个执行机构的结构特点,可选择表 7-2 中的常用机构。

扫屑刷机构中固定移动凸轮移动从动件机构如图 7-25(a)所示,固定移动凸轮利用滑梁上下移动,使带有扫屑刷的移动从动件顶出而扫除上冲头和脱模盘底的粉煤屑。附加滑块摇杆机构如图 7-25(b)所示,利用滑梁的上下移动使摇杆 OB 上的扫屑刷摆动而扫除上冲头和脱模盘底上的粉煤屑。

表 7-2　蜂窝煤成型机可选的执行机构方案表

| 执行机构 | 方案 | | |
|---|---|---|---|
| 上冲头和脱模盘机构 | 对心曲柄滑块机构 | 偏置曲柄滑块机构 | 六杆冲压机构 |
| 扫屑刷机构 | 附加滑块摇杆机构 | 固定移动凸轮移动从动件机构 | |
| 模筒转盘间歇运动机构 | 槽轮机构 | 不完全齿轮机构 | 凸轮式间歇运动机构 |

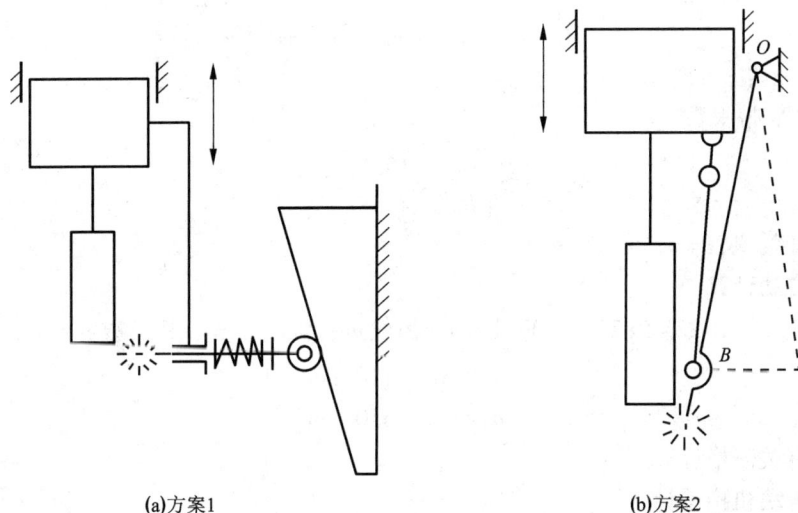

图 7-25　两种机构运动方案图

根据表 7-2 可知,机构系统的运动方案的数目为:
$$N = 3 \times 2 \times 2 = 12$$

在相同条件下,我们应选择使机构更为简单的方案,因此选定的方案可为:冲压机构为对心曲柄滑块机构,模筒转盘机构为槽轮机构,扫屑刷机构为固定移动凸轮移动从动件机构。

平型带传动结构简单,但容易打滑,通常用于传动比为 3 左右的传动,如物流运输。V带适用于开口、传动带轮直径较小或转速较高的场合,常用于第一级减速。圆型带结构简单,常用于交叉或半交叉传动。综上所述,我们选择 V 带传动机构。

**4. 机械传动系统传动比计算**

根据选定的驱动电机的转速和机械的生产能力,可得机械传动系统的总速比为:

$$i_{总} = \frac{n_{电机}}{n_{执行主轴}} = \frac{960}{40} = 24$$

机械传动系统的第一级采用带传动,其速率比为 4.8;第二级传动比为 5。

为了实现具体的运动要求,必须对带传动、齿轮传动、曲柄滑块机构(冲压机构)、槽轮机构(模筒转盘机构)和扫屑刷凸轮机构进行运动学计算,必要时还要进行动力学计算。

**5. 带传动计算**

(1)确定计算功率 $P_C$:

$$P_C = K_A P$$

取 $K_A = 1.4$,则:

$$P_C = 1.4 \times 11 = 15.4 \text{ kW}$$

(2)由 $P_C$ 和主动轮转速 $n_1$,以及有关线图,选择 V 带型号为 C 型。

(3)确定带轮节圆直径 $d_1$ 和 $d_2$,取 $d_1 = 200$ mm,则:

$$d_2 = 4.8 \times d_1 = 960 \text{ mm}$$

(4)确定中心距 $a_0$:

$$0.7(d_1 + d_2) \leqslant a_0 \leqslant 2(d_1 + d_2)$$

即 812 mm $\leqslant a_0 \leqslant$ 2320 mm。

(5)确定 V 带根数 $z$:

$$z \geqslant \frac{P_C}{[P_0]} = \frac{15.4}{4.58} = 3.36$$

$z \geqslant 3.36$ 时,取 $z = 4$。

**6. 齿轮传动计算**

取 $z_1 = 22$,$z_2 = i \times 22 = 5 \times 22 = 110$。按钢质齿轮进行强度计算,其模数 $m = 5$ mm,则:

$$d_1 = z_1 m = 110 \text{ mm}$$
$$d_2 = z_2 m = 550 \text{ mm}$$

其余按有关表格计算。

**7. 曲柄滑块机构设计**

已知滑梁行程 $s = 310$ mm,连杆系数 $\lambda = \dfrac{R}{L} = 0.157$,则曲柄半径:

$$R = \frac{1}{2}s = 155 \text{ mm}$$

连杆长度：

$$L = \frac{R}{\lambda} = 987.26 \text{ mm}$$

不难求出曲柄滑块机构中滑块的速度和加速度变化。

**8. 槽轮机构设计**

(1) 槽数 $z$。

按工位数要求选定，为：

$$z = 6$$

(2) 中心距 $a$。

按结构情况确定，为：

$$a = 310 \text{ mm}$$

(3) 圆销半径 $r$。

按结构情况确定，为：

$$r = 31 \text{ mm}$$

(4) 槽轮每次转位时主动件的转角 $2\alpha$。

$$2\alpha = 180°\left(1 - \frac{2}{z}\right) = 120°$$

(5) 槽间角 $2\beta$。

$$2\beta = \frac{360°}{z} = 60°$$

(6) 主动件圆销中心半径 $R_1$。

$$R_1 = a\sin\beta = 155 \text{ mm}$$

(7) $R_1$ 与 $a$ 的比值 $\lambda$。

$$\lambda = \frac{R_1}{a} = \sin\beta = 0.5$$

(8) 槽轮外轮半径 $R_2$。

$$R_2 = \sqrt{(a\cos\beta)^2 + r^2} = 270.24 \text{ mm}$$

(9) 槽轮槽深 $h$。

$$h \geqslant a(\lambda + \cos\beta - 1) + r = 144.46$$

$h \geqslant 144.47$ mm 时，取 $h = 145$ mm。

(10) 运动系数 $k$。

$$k = \frac{z-2}{2z} = \frac{1}{3} (n=1, \ n \text{ 为圆销数})$$

**9. 扫屑刷凸轮机构计算**

固定凸轮采用斜面形状，其上下方向的长度应大于滑梁的行程 $s$，其左右方向的高度应使扫屑刷活动范围能扫除粉煤。具体按结构情况来设计。

**10.飞轮的设计**

我们采用飞轮的近似算法来算,其公式为:

$$J_M = \frac{[W]}{[\delta]\omega_m^2}$$

式中:$J_M$ 为飞轮的转动惯量;$[W]$ 为最大盈亏功;$[\delta]$ 为运动不均匀系数;$\omega_m$ 为飞轮轴的平均角速度。

蜂窝煤成型机冲压力变化曲线如图 7-26 所示。假定驱动力为常数,则可求出 $P_a = 6250$ N。最大盈亏功 $[W]$ 计算如下:

$$[W] = \frac{1}{2} \times (50000 - 6250) \times \frac{7}{8} \times \frac{\pi}{2} \times 0.15 = 4509.9 \text{ N} \cdot \text{m}$$

式中,$\pi$ 取 3.14159,同时,取运动不均匀系数 $[\delta] = 0.16$,为减小飞轮尺寸,将飞轮安装在小齿轮轴上,则有:

$$J_M = \frac{4509.9}{0.16 \times \left(150 \times \frac{2\pi}{60}\right)^2} = 114.24 \text{ kg} \cdot \text{m}^2$$

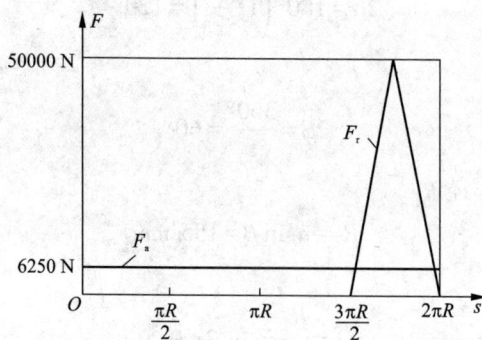

图 7-26 蜂窝煤成型机冲压力变化曲线

电机功率为:

$$N' = P_d' v = 6250 \times \frac{2\pi \times 0.16 \times 30}{60} = 3141.59 \text{ kW}$$

目前采用的电机的功率为 11 kW,显然没有考虑附加飞轮,而是从克服短时冲压力较大的需要出发。

116

# 第8章
# 机械原理课程设计题选

## 8.1 半自动钻床设计

### 1.设计题目
本次设计加工的工件几何尺寸如图8-1所示,为直径孔12 mm 的半自动钻床。其动作主要有:进刀机构对应动力头的升降,送料机构将被加工工件推入加工位置,进而通过定位机构使被加工工件可靠固定。

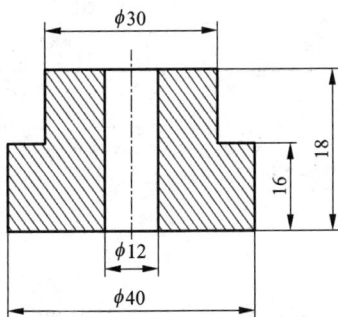

图8-1 工件几何尺寸

### 2.设计数据
表8-1为半自动钻床凸轮设计数据。

表8-1 半自动钻床凸轮设计数据

| 方案号 | 进料机构工作行程 /mm | 定位机构工作行程 /mm | 动力头工作行程 /mm | 电动机转速 /(r·min⁻¹) | 工作节拍件 /min |
|---|---|---|---|---|---|
| A | 40 | 30 | 15 | 1450 | 1 |
| B | 35 | 25 | 20 | 1400 | 2 |
| C | 30 | 20 | 10 | 960 | 1 |

### 3.设计任务
(1)半自动钻床至少有包括凸轮机构、齿轮机构在内的三种机构。
(2)设计传动系统并确定传动比的分配。
(3)画出半自动钻床的机构运动方案简图和运动循环图。

(4)凸轮机构的设计计算:按各凸轮机构的工作要求,自选从动件的运动规律,确定基圆半径,校核最大压力角和最小曲率半径。画出从动件运动规律图及凸轮的轮廓曲线图。

(5)设计计算其他机构。

**4. 设计提示**

(1)钻头由动力头驱动,所以只需考虑动力头的进刀(升降)运动。

(2)除了动力头升降机构外,还需要设计送料机构、定位机构。各机构运动循环要求见表8-2。

(3)可采用凸轮轴的方法分配协调各机构的运动。

表8-2 各机构运动循环要求

| 凸轮轴转角/(°) | 10 | 20 | 30 | 45 | 60 | 75 | 90 | 105~270 | 300 | 360 |
|---|---|---|---|---|---|---|---|---|---|---|
| 送料 | 快进 | | | 休止 | | 快退 | | 休止 | | |
| 定位 | 休止 | 快进 | | 休止 | | 快退 | | 休止 | | |
| 进刀 | 休止 | | | | | 快进 | | 快进 | 快退 | 休止 |

# 8.2 台式风扇摇头装置设计

**1. 设计题目**

设计一台直径为 300 mm,电动机转速 $n = 1450$ r/min,摇头周期 $T = 10$ s 的可摇头电风扇。

**2. 设计数据**

电风扇摆角 $\psi$ 和急回系数 $k$ 的设计要求及任务分配见表8-3。

表8-3 台式电风扇摆头机构设计数据

| 方案号 | 电风扇摆角 $\psi$/(°) | 急回系数 $k$ |
|---|---|---|
| A | 80 | 1.01 |
| B | 85 | 1.015 |
| C | 90 | 1.02 |
| D | 95 | 1.025 |
| E | 100 | 1.03 |
| F | 105 | 1.05 |

**3. 设计任务**

(1)依据给定的主要参数,拟定机械传动系统总体方案。

(2)画出机构运动方案简图。

(3)分配蜗轮蜗杆和齿轮的传动比,确定基本参数并设计计算几何尺寸。

(4)用解析法确定平面连杆机构的运动学尺寸,它应满足摆动角度 $\psi$ 和行程速比系数(急回系数)$k$ 的要求,并对平面连杆机构进行运动学分析,绘制运动曲线图。

(5)提出调节摆角的结构方案,并进行分析计算。

**4. 设计提示**

常见的电风扇摇头装置主要采用的机构包括杠杆式、滑板式、撅拨式等。本次设计推荐采用平面连杆机构。装在电动机主轴尾部的蜗杆带动蜗轮旋转,蜗轮和小齿轮做成一体,小齿轮带动大齿轮,大齿轮与铰链四杆机构的连杆做成一体,并以铰链四杆机构的连杆作为原动件,则机架和两个连架杆都发生摆动,其中一个连架杆相对于机架的摆动即是摇头动作。机架直径可取 80~90 mm。

# 8.3　四工位专用机床设计

**1. 设计题目**

设计一台四工位专用机床,其工作原理为:在四个工位上分别完成相应的装卸工件、钻孔、扩孔、铰孔工作。需要执行的动作主要有两个:一是装有四个工位工件的回转台;二是装有由装用电动机带动的三把专用刀具的主轴箱的刀具转动和移动。

**2. 设计数据**

(1)刀具顶端离开工作表面 65 mm,快速移动送进 60 mm 后,再匀速送进 60 mm(包括 5 mm 刀具切入量、45 mm 工件孔深、10 mm 刀具切出量),然后快速返回。回程和工作行程的平均速度之比 $K=2$。

(2)刀具匀速进给速度为 2 mm/s,工件装、卸时间不超过 10 s。

(3)生产率约为 75 件/h。

(4)执行机构能装入机体。

**3. 设计任务**

(1)按工艺动作过程拟定运动循环图。

(2)进行回转台间歇转动机构、主轴箱刀具移动机构的选型,并进行机械运动方案的评价与选择。

(3)按选定的电动机和执行机构的运动参数拟定机械传动方案。

(4)画出机械运动方案简图。

(5)对机械传动系统和执行机构进行运动尺寸计算。

**4. 设计提示**

(1)回转台的间歇转动,可采用槽轮机构、不完全齿轮机构或凸轮间歇机构。

(2)主轴箱的刀具移动,可采用圆柱凸轮机构、移动从动件盘形凸轮机构、凸轮—连杆机构、平面连杆机构等。

(3)生产率可求出一个运动循环所需时间 $T=60\times60/75=48$ s,刀具匀速送进 60 mm 所需时间 $t_\text{匀}=60/2=30$ s,刀具其余移动时间(包括快速送进 60 s,快速返回 120 mm)共需 18 s。回转工作台静止时间为 36 s,因此足够工件装卸所需时间。

## 8.4 冷霜自动灌装机设计

**1. 工作原理及工艺动作过程简介**

冷霜自动灌装机是通过出料活塞杆上下往复运动将冷霜灌装入盒内的。其主要工艺动作有：

(1) 将空盒送入五工位转盘，利用转盘间歇运动变换不同工位。

(2) 在灌装工位上灌装机构下降灌入冷霜。

(3) 在贴锡纸工位上灌装机构下降粘贴锡纸。

(4) 在盖盒盖工位上灌装机构下降将盒盖压 $F$。

(5) 送出成品。

**2. 原始数据**

(1) 冷霜自动灌装机的生产能力：60 盒/min。

(2) 冷霜盒尺寸：直径 $D = 30 \sim 50$ mm，高度 $h = 10 \sim 15$ mm。

(3) 工作台面离地面的距离：1100 ~ 1200 mm。

(4) 要求机构的结构简单紧凑，运动灵活可靠，易于制造。

(5) 传动系统电机为交流异步电动机，功率 1.5 kW，转速 960 r/min。

## 8.5 巧克力糖自动包装机设计

**1. 工作原理工艺动作简介**

设计巧克力糖自动包装机。包装对象为圆台状巧克力糖(图 8-2)。

包装材料为厚 0.008 mm 的金色铝箔纸。包装后外形应美观挺拔，铝箔纸无明显损伤、撕裂和褶皱(图 8-3)。

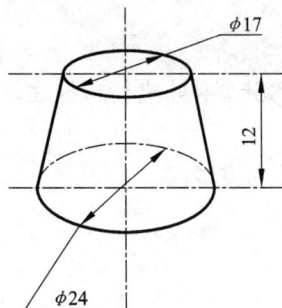

图 8-2　圆台状巧克力糖(mm)　　　　图 8-3　包装后的巧克力糖

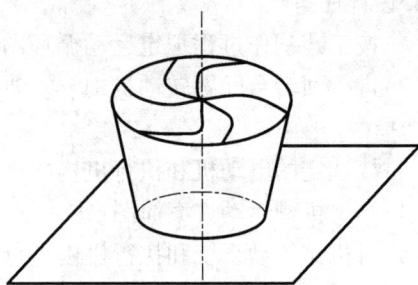

包装工艺动作为：纸坯型式采用卷筒纸，纸片水平放置，间歇剪切式供纸(图 8-4)。首先将 64 mm×64 mm 铝箔纸覆盖在巧克力糖 $\phi17$ mm 小端正上方，再使铝箔纸沿糖块锥面强迫成形，最后将余下的铝箔纸分半，先后向 $\phi24$ mm 大端面上褶去，迫使包装纸紧贴巧克力糖。

120

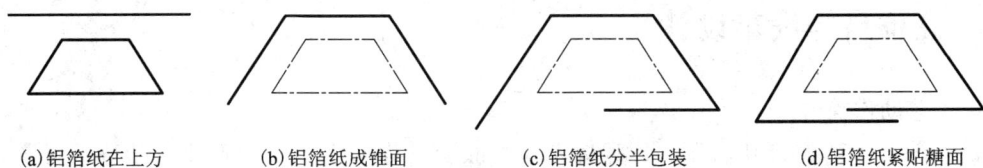

|  |  |  |  |
|---|---|---|---|
| (a)铝箔纸在上方 | (b)铝箔纸成锥面 | (c)铝箔纸分半包装 | (d)铝箔纸紧贴糖面 |

**图 8-4　巧克力糖包装工艺动作**

**2. 设计要求**

(1)设计糖果包装机的间歇剪切供纸机构、铝箔纸锥面成形机构、褶纸机构以及巧克力糖果的送推料机构。

(2)整台机器外形尺寸(宽×高)不超过 800 mm×1000 mm。

(3)锥面成形机构不论采用平面连杆机构、凸轮机构或者其他常用机构，都要求成形动作尽量等速，启动与停顿时的冲击小。

**3. 设计数据**

具体设计数据见表 8-4。

**表 8-4　设计数据表**

| 方案号 | A | B | C | D | E | F | G | H |
|---|---|---|---|---|---|---|---|---|
| 电动机转速/(r·min⁻¹) | 1440 | 1440 | 1440 | 960 | 960 | 820 | 820 | 780 |
| 每分钟包装糖果数目/(个·min⁻¹) | 120 | 90 | 60 | 120 | 90 | 90 | 80 | 60 |

**4. 设计任务**

(1)巧克力糖包装机一般应包括凸轮机构、平面连杆机构、齿轮机构等，设计传动系统并确定其传动比分配。

(2)在图纸上画出机器的机构运动方案简图和运动循环图。

(3)设计平面连杆机构，并对平面连杆机构进行运动分析，绘制运动线图。

(4)设计凸轮机构，确定运动规律，选择基圆半径，计算凸轮廓线值，校核最大压力角与最小曲率半径，绘制凸轮机构设计图。

(5)设计计算齿轮机构。

(6)编写设计计算说明书。

**5. 设计提示**

剪纸与供纸动作连续完成；铝箔纸锥面成形机构一般可采用凸轮机构、平面连杆机构等；实现褶纸动作的机构有多种选择，包括凸轮机构、摩擦滚轮机构等；巧克力糖果的送推料机构可采用平面连杆机构、凸轮机构；各个动作间应有严格的时间顺序关系。

## 8.6　高位自卸汽车设计

**1. 工艺动作简介**

目前国内生产的自卸汽车，其卸货方式为散装货物沿汽车大梁卸下，卸货高度都是固定的。若需要将货物卸到较高处或使货物堆积得较高些，目前的自卸汽车就难以满足要求了。为此，需设计一种高位自卸汽车(图 8-5)，它能将车厢举升到一定高度后再倾斜车厢卸货(图 8-6、图 8-7)。

**2. 设计要求**

(1)具有一般自卸汽车的功能。

(2)在比较水平的状态下，能将满载货物的车厢平稳地举升到一定高度，最大升程 S 见表 8-5。

(3)为方便卸货，要求车厢在举升过程中逐步后移(图 8-6)。车厢处于最大升程位置时，其后移量 a 见表 8-5。为保证车厢的稳定性，其最大后移量 a 不得超过 1.2a。

(4)在举升过程中，可在任意高度停留卸货。在车厢倾斜卸货时，后厢门随之联动打开。卸货完毕，车厢恢复水平状态，后厢门也随之可靠关闭。

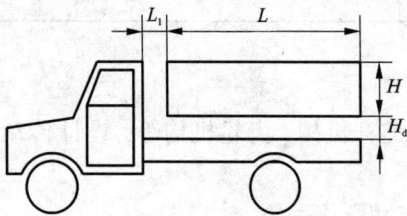

图 8-5　自卸汽车

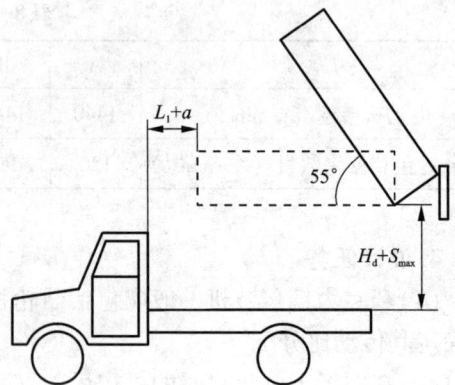

图 8-6　高位自卸汽车卸货

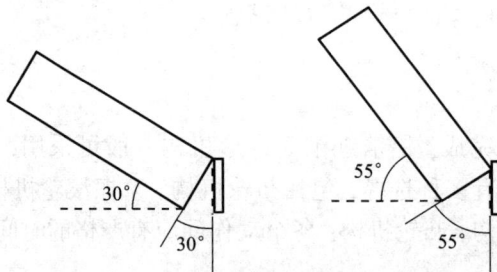

图 8-7　自卸车厢倾斜角度

（5）举升和翻转机构的安装空间不超过车厢底部与大梁间的空间，后厢门打开机构的安装面不超过车厢侧面。

（6）结构尽量紧凑、简单、可靠，具有良好的动力传递性能。

**3. 设计数据**

设计数据见表8-5。

表 8-5 设计数据

| 方案号 | 车厢尺寸($L×W×H$) /（mm×mm×mm） | 最大升程 $S$/mm | 最大后移量 $a$/mm | 最大载重 $W$/kg | 水平安装尺寸 $L_1$/mm | 厢底安装尺寸 $H_d$/mm |
|---|---|---|---|---|---|---|
| A | 4000×2000×640 | 1800 | 380 | 5000 | 300 | 500 |
| B | 3900×2000×640 | 1850 | 350 | 4800 | 300 | 500 |
| C | 3900×1800×630 | 1900 | 320 | 4500 | 280 | 470 |
| D | 3800×1800×630 | 1950 | 300 | 4200 | 280 | 470 |
| E | 3700×1800×620 | 2000 | 280 | 4000 | 250 | 450 |
| F | 3600×1800×610 | 2050 | 250 | 3900 | 250 | 450 |

**4. 设计任务**

（1）设计高位自卸汽车，包括举升机构、翻转机构和后厢门打开机构。对每种机构提出2至3个运动方案。

（2）考虑满足运动要求、动力性能优越、制造与维护方便、结构紧凑等方面的因素，对所提方案进行论证，确定最优方案。

（3）画出最优方案的机构运动方案简图和运动循环图。

对高位自卸汽车的举升机构、翻转机构和后厢门打开机构，进行尺度综合及运动分析，求得各机构输出件位移、速度、加速度，绘制机构运动线图。

（4）编写设计计算说明书。

（5）完成高位自卸汽车的模型实验验证。

**5. 设计提示**

高位自卸汽车中的举升机构、翻转机构和后厢门打开机构都具有行程较大、能做往复运动及承受较大载荷的共同特点。齿轮机构比较适合连续的回转运动，凸轮机构适合行程和受力都不太大的场合，因此齿轮机构与凸轮机构都不太适用，连杆机构则比较适合此种应用。

# 8.7 洗瓶机设计

**1. 设计**

设计如图 8-8 所示的洗瓶机。待洗的瓶子放在两个同向转动的轧辊上，轧辊带动瓶子旋转。当推头 M 把瓶子推向前进时，转动着的刷子就把瓶子外面洗净了。当前一个瓶子洗刷完毕时，后一个待洗的瓶子已送入轧辊待推。洗瓶机的技术要求见表8-6。

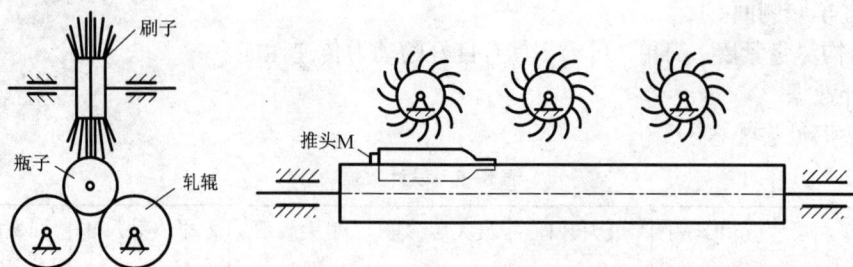

图 8-8　洗瓶机工作示意图

## 2. 设计数据

表 8-6　洗瓶机的设计数据

| 方案号 | 瓶子尺寸(直径×长)/<br>(mm×mm) | 工作行程/<br>mm | 生产率/<br>(个·s⁻¹) | 急回系数 | 电动机转速/<br>(r·min⁻¹) |
|---|---|---|---|---|---|
| A | $\phi100\times200$ | 600 | 15 | 3 | 1440 |
| B | $\phi80\times180$ | 500 | 16 | 3.2 | 1440 |
| C | $\phi60\times150$ | 420 | 18 | 3.5 | 960 |

## 3. 设计任务

（1）洗瓶机应包括齿轮、平面连杆机构等常用机构或组合机构。设计传动系统并确定其传动比分配。

（2）画出机器的机构运动方案简图和运动循环图。

（3）设计组合机构以实现运动要求，并对从动杆进行运动分析。也可以设计平面连杆机构以实现运动轨迹，并对平面连杆机构进行运动分析。绘出运动线图。

（4）其他机构的设计计算。

（5）编写设计计算说明书。

## 4. 设计提示

分析设计要求后可知：洗瓶机主要由推瓶机构、导辊机构、转刷机构等组成。设计的推瓶机构应使推头 M 以接近均匀的速度推瓶，并平稳地接触和脱离瓶子，然后推头快速返回原位，准备进入第二个工作循环。根据设计要求，推头 M 可按如图 8-9 所示的轨迹运动，而且推头 M 在工作行程中应作匀速直线运动，在工作段前后可有变速运动，回程时有急回。

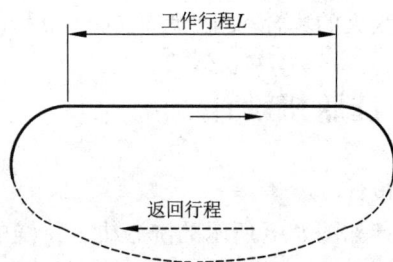

图 8-9　推头 M 运动轨迹

124

## 8.8 食品灌装机设计

**1. 工作原理及主要工艺动作简介**

酱类食品如芝麻酱、花生酱、草莓酱、甜面酱、辣椒酱或蕃茄酱等，因风味独特，深受广大消费者的喜爱，是餐饮酒店、居家旅行之佳品。酱类食品灌装机是食品加工企业不可缺少的生产设备，其主要工艺动作有：

(1)将灌装物料输送至料斗(料腔)。

(2)将空瓶或空罐送至多工位转盘，并能自动转位。

(3)能实现定量灌装。

(4)进行压盖密封。

(5)进行商标粘贴。

(6)将成品送出。

**2. 设计数据**

(1)工作条件：两班制，非连续单向运转，工作环境良好，有轻微震动。

(2)使用期限：十年，大修期三年。

(3)生产批量：小批量生产(少于 10 台)。

(4)生产条件：一般机械厂制造，可加工 7～8 级精度的齿轮及蜗轮。

(5)动力来源：电力，三相交流(220 V/380 V)。

(6)工作转速允许误差：±(3%～5%)。

(7)齿轮传动比 $i \leqslant 4$，带传动比 $i \leqslant 3.5$。

(8)其他设计数据见表 8-7。

表 8-7 灌装机的设计数据

| 主要工作参数 | 题号 | | | | | | | | | | | |
|---|---|---|---|---|---|---|---|---|---|---|---|---|
| | 1 | 2 | 3 | 4 | 5 | 6 | 7 | 8 | 9 | 10 | 11 | 12 |
| 灌装能力/(瓶·$min^{-1}$) | 12 | 13 | 14 | 15 | 16 | 17 | 18 | 19 | 20 | 21 | 4.0 | 4.2 |
| 电机功率/kW | 1.5 | 1.7 | 1.9 | 2.1 | 2.3 | 2.4 | 2.5 | 2.6 | 2.8 | 2.9 | 3.0 | 3.3 |
| 电机同步转速/(r·$min^{-1}$) | 1000 | | | | | | 1500 | | | | | |
| 工作行程/mm | 50 | | | 60 | | | 70 | | | 80 | | |
| 每瓶酱净重/(g·$min^{-1}$) | 200～400 | | | | | | | | | | | |

**3. 设计任务**

(1)按工艺动作要求拟定机构运动循环图。

(2)进行转盘间歇运动机构(自动转位机构)、定量罐装机构、压盖密封机构、粘贴商标机构的选型。

(3)结合设计要求，比较各方案的优缺点，选定合理的机械运动方案。

125

(4)拟定机械传动方案,按给定的电机确定执行机构的运动参数。

(5)画出机械运动方案简图。

(6)设计传动系统方案,计算总传动比及主要传动件尺寸。

(7)对执行机构进行运动学尺寸计算(可用图解法、解析法或计算机编程完成)。

(8)对选定的某一机构进行运动分析,绘制其执行构件的运动线图。

**4.设计提示**

(1)参数中的工作行程包含定量灌装、加盖密封、粘贴商标工艺。

(2)产品要求:为防止酱类食品变质,产品密封性要好,最好在密封后有一定的保压时间。

(3)整机由同一电机驱动,转盘的转位应准确平稳,且整体结构紧凑,性能可靠,操作简单,外形美观,制造方便。

# 8.9 自动盖章机设计

**1.工作原理简介**

在文件、证件、财务票据、绘画作品上加盖印章是目前证明法律有效性的通用手段,在生活和工作中至关重要。但是大批量盖章处理过程不仅浪费人力,劳动强度大,而且工作效率低,盖章质量不易保证。研制一台自动盖章机代替工作人员完成这些枯燥的工作,是办公自动化的发展需要。

**2.设计要求和原始数据**

(1)可采用目前传统的印章(不用印泥),适用于常见的几种办公印章结构形状。

(2)可在单页 A3、B4、B5 纸上盖章,纸的厚度为常见厚度,最大容许装纸量不少于100 张。

(3)纸面盖章位置可任意调节。

(4)每分钟盖章次数不低于 10 页。

(5)电源电压为 220 V。

(6)对于工作中出现的非正常情况或危险情况,具有保护措施。

(7)适合于桌面工作,操作简单安全,盖章质量可靠,工作噪声低,结构轻巧,外形美观。

**3.设计内容**

(1)确定工作原理,完成工艺动作分解。

(2)设计主要执行构件的运动规律,并绘制运动规律曲线。

(3)完成各执行机构和传动机构的方案设计,绘制机构运动简图。

(4)对拟定的方案进行基本参数设计,选择原动机,撰写设计计算报告。

(5)完成系统总体方案简图的绘制,并进行协调性设计,绘制运动循环图。

**4.设计提示**

(1)将纸盒中的一叠纸分成单页的原理有很多,如靠机械推拉、离心力、摩擦力、静电等。

(2)在盖章的瞬间,要求纸静止。因此,纸的输送机构应含有间歇运动机构。

## 8.10 糕点切片机设计

**1. 工作原理及工艺动作过程简介**

糕点先成型(如长方形、圆柱形等),经切片后再烘干。糕点切片机要求实现两个工艺动作:糕点的直线间歇移动和切刀的往复运动。通过两个动作的配合进行切片。改变直线间歇移动速度或每次间隔的输送距离,以满足糕点的不同切片厚度的需要。

**2. 设计数据**

(1)糕点切片长度(即切片的高)范围为 5~80 mm。

(2)切刀切片时最大作用距离(即切片的宽度方向)为 300 mm。

(3)切刀工作节拍为 40 次/min。

(4)生产阻力很小,要求选用的机构简单、轻便、运动灵活可靠。

(5)电动机可以选用功率 0.5~0.75 kW、转速 1000~1500 r/min 的。

**3. 设计任务**

(1)根据工艺动作顺序和协调要求拟定并绘制运动循环图。

(2)进行间歇运动机构和切口机构的选型,以实现上述动作要求。

(3)机械运动方案的评定和选择。

(4)根据选定的原动机和执行机构的运动参数拟定机械传动方案,分配传动比,并画出传动方案图。

(5)对机械传动系统和执行机构进行运动尺寸计算。

(6)画出机械运动简图。

(7)对执行机构进行运动分析,画出运动线图,进行运动模拟(可选作)。

(8)编写设计计算说明书。

## 8.11 铁板输送机设计

**1. 工作原理及工艺动作过程介绍**

该铁板输送机可以实现如下工艺动作:

间断输送成卷的板料,每次输送铁板到达规定的长度后,铁板稍停,以待剪板机将其剪断。

**2. 设计要求和原始数据**

要满足上述总功能要求,必须从下述两个方面考虑机器的工作原理和分功能要求,从而选择合适的机构:

(1)如何夹持和输送铁板,并在停歇时保持铁板的待剪位置。

(2)如何实现间歇送进,并能使铁板停歇时,运送铁板的构件的速度和加速度曲线仍然连续,使得整个机构的运转比较平稳。

可采取的措施为:

(1)每次输送铁板长度为 1900 mm、2000 mm 或 2200 mm(设计时可任选一种)。

(2)剪断工艺所需时间约为铁板输送周期的 1/15,要求铁板停歇时间不超过剪断工艺时间的 1.5 倍,以保证有较高的生产率。

(3)输送机构运转应平稳,振动和冲击应尽量小(即要求输送机构从动件的加速度曲线连续,无突变)。

### 3. 设计任务

(1)根据功能要求,确定工作原理和绘制系统功能图。

(2)按工艺动作过程拟定运动循环图。

(3)构思系统运动方案(至少两个以上),进行方案评价,选出较优方案。

(4)对传动机构和执行机构进行运动尺寸计算。

(5)绘制系统机械运动方案简图。

(6)编写设计说明书。

### 4. 设计提示

执行构件的间歇送进运动可考虑采用用两个辊轮将铁板压紧,依靠辊轮和铁板间的摩擦力将铁板从卷料上拉出并推向前进的输送方式。棘轮机构、槽轮机构和不完全齿轮机构等具有结构简单、制造方便、运动可靠等优点,都有可能改造成使辊轮作短暂停歇的机构,考虑此机床有动力性能和动停比等方面的设计要求,建议采用组合机构。

## 8.12 摇摆式输送机设计

### 1. 工艺动作简介

摇摆式输送机是一种用来水平传送材料的机械,由齿轮机构和六连杆机构等组成,如图 8-10 所示。电动机 1 通过传动装置 2 使曲柄 4 回转,再经过 5、6、7、8 组成的连杆机构使输料槽 9 作往复移动,放置在槽上的物料 10 借助摩擦力随输料槽一起运动。物料输送的原理是:机构在某些位置(如输料槽)有相当大的加速度,使物料在惯性力的作用下克服摩擦力而发生滑动,滑动的方向总保持自左往右,从而达到输送物料的目的。

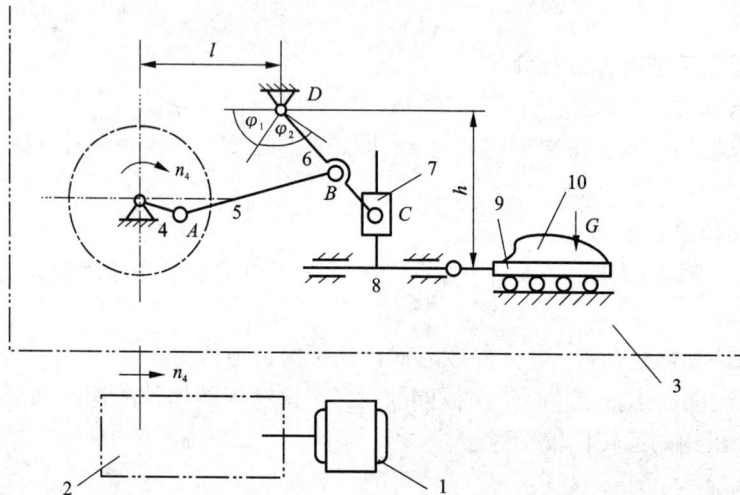

1—电动机;2—传动装置;3—执行机构;4—曲柄;5、6—连杆;7—滑块;8—滑杆;9—输料槽;10—物料。

图 8-10 摇摆式输送机示意图

**2. 设计要求**

该布置要求电机轴与曲柄轴垂直，使用寿命为 5 年，每日二班制工作。输送机在工作过程中的载荷变化较大，允许曲柄转速偏差为 ±5%。六连杆执行机构的最小传动角不得小于 40% 执行机构的传动效率（按 0.95 计算），按小批量生产规模设计。

**3. 原始数据**

设计数据见表 8-8。

表 8-8　设计数据

| 题号 | 4-1 | 4-2 | 4-3 | 4-4 | 4-5 | 4-6 | 4-7 | 4-8 |
|---|---|---|---|---|---|---|---|---|
| 物料的重量 $G/\text{kg}$ | 3000 | 3120 | 2800 | 2900 | 2750 | 2875 | 3100 | 3200 |
| 曲柄转速 $n/(\text{r}\cdot\text{min}^{-1})$ | 110 | 114 | 118 | 126 | 122 | 124 | 120 | 116 |
| 行程速比系数 $K$ | 1.12 | 1.2 | 1.12 | 1.2 | 1.25 | 1.15 | 1.2 | 1.17 |
| 位置角/(°) | 60 | 60 | 60 | 60 | 60 | 60 | 60 | 60 |
| 摇杆摆角/(°) | 70 | 60 | 73 | 73 | 70 | 70 | 60 | 60 |
| $l/\text{mm}$ | 280 | 220 | 220 | 200 | 190 | 240 | 210 | 225 |
| $h/\text{mm}$ | 360 | 360 | 310 | 280 | 340 | 340 | 330 | 330 |
| $l_{\text{CD}}/\text{mm}$ | 270 | 270 | 220 | 210 | 250 | 240 | 250 | 230 |

**4. 设计任务**

(1) 根据摇摆式输送机的工作原理，拟订 2~3 个其他形式的机构，画出机械系统传动简图，并对这些机构进行对比分析。

(2) 根据设计数据确定六杆机构的运动尺寸，$l_{\text{DB}}=0.6l_{\text{CD}}$。要求用图解法设计，并将设计结果和步骤写在设计说明书中。

(3) 连杆机构的运动分析：将连杆机构放在直角坐标系下，编制程序分析出滑块 8 的位移、速度、加速度及摇杆 6 的角速度和角加速度，作运动曲线，并打印上述各曲线图。

(4) 机构的动态静力分析：物料对输料槽的摩擦系数为 0.35，设摩擦力的方向与速度的方向相反，编制程序求出外加力，作出曲线并打印外加力的曲线，并求出曲柄最大平衡力矩和功率。

(5) 编写设计说明书一份，应包括设计任务、设计参数、设计计算过程等。

# 8.13　插床设计

**1. 工艺动作简介**

用插刀对工件作垂直相对直线往复运动的切削加工方法，称为插削加工。插削在插床上进行，可以看作"立式刨床"加工，主要用于加工单件小批生产中零件的某些内表面，也可以加工某些外表面。插床主要由齿轮机构、导杆机构和凸轮机构等组成，如图 8-11(a) 所示。电动机经过减速装置使曲柄 1 转动，再通过导杆机构，使装有刀具的滑块沿导路 $y\text{-}y$ 做往复运动，以实现刀具的切削运动。为了缩短空程时间，提高生产率，要求刀具有急回运动。刀具与工作台之间的进给运动，是由固结于轴 $O_2$ 上的凸轮驱动摆动从动杆 $O_4D$ 和其他有关机构来完成的。

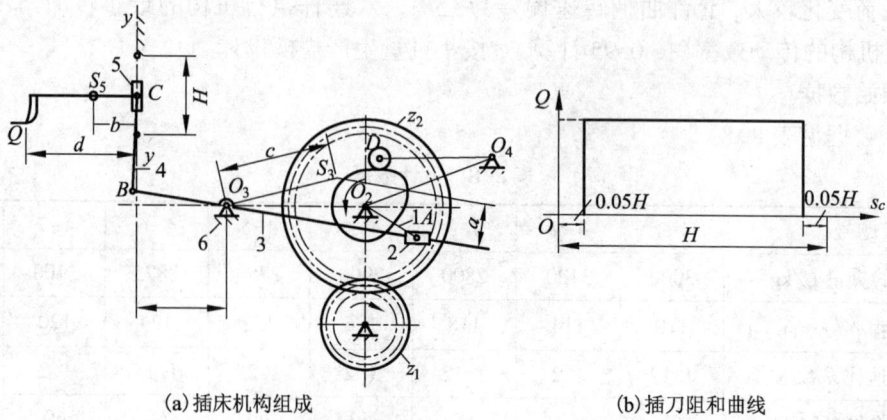

(a) 插床机构组成　　　　　　　　　(b) 插刀阻和曲线

1—曲柄；2—滑块；3—导杆；4—连杆；5—滑块；6—机架。

**图 8-11　插床机构简图及阻力线图**

**2. 设计数据**

设计数据见表 8-9。

表 8-9　设计数据表

| 设计内容 | 导杆机构的设计及运动分析 | | | | | | | | 凸轮机构的设计 | | | | | | 从动杆加速度规律 |
|---|---|---|---|---|---|---|---|---|---|---|---|---|---|---|---|
| 符号 | $n_1$ | $K$ | $H$ | $\dfrac{l_{BC}}{l_{O_3B}}$ | $l_{O_2O_3}$ | $a$ | $b$ | $c$ | $\psi_{max}$ | $[\alpha]$ | $l_{O_4D}$ | $\varPhi$ | $\varPhi_s$ | $\varPhi'$ | |
| 单位 | r/min | | mm | | | mm | | | ° | | mm | | ° | | |
| 数据 | 60 | 2 | 100 | 1 | 150 | 50 | 50 | 125 | 15 | 40 | 125 | 60 | 10 | 60 | 等加速等减速 |
| 设计内容 | 齿轮机构的设计 | | | | 导杆机构的动态静力分析及飞轮转动惯量的确定 | | | | | | | | | | |
| 符号 | $z_1$ | $z_2$ | $m$ | $\alpha$ | $G_3$ | $G_5$ | $J_{s_5}$ | $d$ | $Q$ | $\delta$ | | | | | |
| 单位 | | | mm | ° | | N | | kg·m² | mm | N | | | | | |
| 数据 | 13 | 40 | 8 | 20 | 160 | 320 | 0.14 | 120 | 1000 | 1/25 | | | | | |

**3. 设计任务**

(1) 导杆机构的设计及运动分析。

已知：行程速比系数 $K$，滑块 5 的冲程 $H$，中心距 $l_{O_2O_3}$，比值 $\dfrac{l_{BC}}{l_{O_3B}}$，各构件重心 $S$ 的位置，曲柄每分钟转速 $n_1$。

要求：设计导杆机构，在 1# 图纸上(与后面的动态静力分析画在一起)作机构两个位置的速度多边形和加速度多边形，并作滑块的运动线图。曲柄位置图的作法如图 8-12 所示，取滑块 5 在上极限时所对应的曲柄位置作为起始位置 1，按曲柄转向将曲柄圆周 12 等分，得 12

130

个曲柄位置，再作出开始切削和终止切削后对应的 1′ 和 8′ 两位置。

（2）导杆机构的动态静力分析。

已知：各构件的重量 $G$ 及其对重心轴的转动惯量 $J_s$（数据表中未列出的构件重量和转动惯量可略去不计），阻力线图[图 8-11（b）]以及在导杆机构设计及运动分析中得出的机构尺寸、速度和加速度。

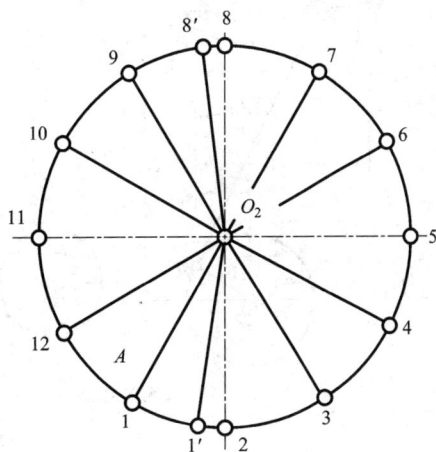

**图 8-12 曲柄位置图**

要求：确定 1~2 个机构位置的各运动副中的反作用力及应加于曲柄上的平衡力矩。用茹可夫斯基杠杆法求平衡力矩，并与上述方法所得的结构相比较。作图部分画在运动分析的图纸上。

（3）飞轮设计。

已知：机器运转的速度不均匀系数 $\delta$，平衡力矩 $M_y$，飞轮安装在曲柄轴上，驱动力矩 $M_a$ 为常数。

要求：在 2#图纸上用惯性力法求飞轮转动惯量 $J_F$。

（4）凸轮机构设计。

已知：从动件的最大摆角 $\psi_{\max}$，许用压力角 $[\alpha]$，从动件长度 $l_{O_4D}$，从动件运动规律为等加速等减速运动，凸轮与曲柄共轴。

要求：按许用压力角 $[\alpha]$ 确定凸轮机构的基本尺寸，求出理论廓线外凸曲线的最小曲率半径 $\rho_{\min}$，选取滚子半径 $r_g$，在 2#图纸上绘制凸轮的实际廓线。

（5）齿轮机构设计。

已知：齿数 $z_1$、$z_2$，模数 $m$，分度圆压力角 $\alpha$，齿轮为正常齿制，工作情况为开式齿轮，齿轮与曲柄共轴。

要求：选择移距系数，计算此对齿轮传动的各部分尺寸，在 2#图纸上绘制齿轮传动的啮合图。

# 8.14 压床设计

**1. 工作原理及工艺动作介绍**

压床机械是由六杆机构中的冲头（滑块）向下运动来冲压机械零件的。如图 8-13（a）所示，其执行机构主要由连杆机构和凸轮机构组成。电动机经过减速传动装置（齿轮传动）带动六杆机构的曲柄 1 转动，曲柄通过连杆 2、摇杆 3、4 带动滑块 5 即冲头 5 克服阻力 $Q$ 冲压零件。当冲头向下运动时，为工作行程，冲头在 $0.75H$ 内无阻力；当在工作行程后 $0.25H$ 行程时，冲头受到的阻力为 $Q$；当冲头向上运动时，为空回行程，无阻力。为了减小主轴的速度波动，在曲柄轴 $A$ 上装有飞轮，在曲柄轴的另一端装有润滑连杆机构各运动副的油泵凸轮。

**2. 设计数据**

设计数据见表 8-10。

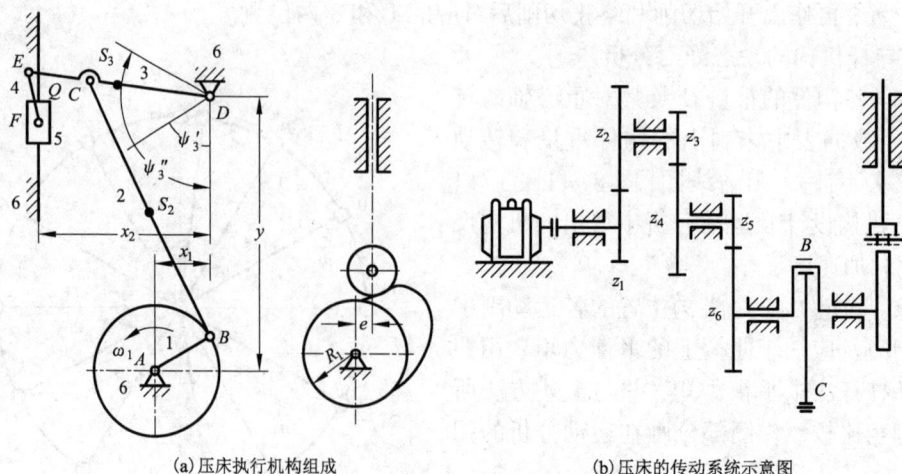

(a)压床执行机构组成　　　　　　　　　　　(b)压床的传动系统示意图

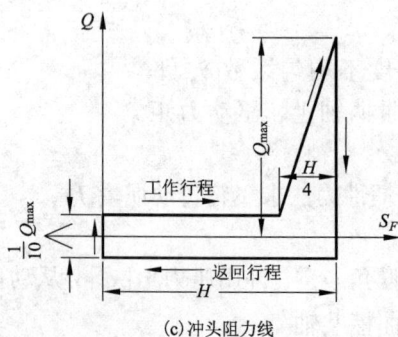

(c)冲头阻力线

1—曲柄；2—连杆；3、4—摇杆；5—滑块(冲头)；6—机架。

**图 8-13　压床机构简图及阻力线图**

**表 8-10　设计数据表**

| 设计内容 | 连杆机构的设计及运动分析 | | | | | | | | | | 凸轮机构的设计 | | | | | |
|---|---|---|---|---|---|---|---|---|---|---|---|---|---|---|---|---|
| 符号 | $x_1$ | $x_2$ | $y$ | $\psi_3'$ | $\psi_3''$ | $H$ | $\dfrac{CE}{CD}$ | $\dfrac{EF}{DE}$ | $n_1$ | $\dfrac{BS_2}{BC}$ | $\dfrac{DS_3}{DE}$ | $h$ | $[\alpha]$ | $\Phi$ | $\Phi_s$ | $\Phi'$ | 从动杆加速度规律 |
| 单位 | mm | | | ° | | mm | | | r/min | | | mm | ° | | | | |
| 方案一 | 50 | 140 | 220 | 60 | 120 | 150 | 1/2 | 1/4 | 100 | 1/2 | 1/2 | 17 | 30 | 55 | 25 | 85 | 余弦 |
| 方案二 | 60 | 170 | 260 | 60 | 120 | 180 | 1/2 | 1/4 | 90 | 1/2 | 1/2 | 18 | 30 | 60 | 30 | 80 | 等加速 |
| 方案三 | 70 | 200 | 310 | 60 | 120 | 210 | 1/2 | 1/4 | 90 | 1/2 | 1/2 | 19 | 30 | 65 | 35 | 75 | 正弦 |

| 设计内容 | 齿轮机构的设计 | | | | 连杆机构的动态静力分析及飞轮转动惯量的确定 | | | | | | |
|---|---|---|---|---|---|---|---|---|---|---|---|
| 符号 | $z_5$ | $z_6$ | $\alpha$ | $m$ | $G_2$ | $G_3$ | $G_5$ | $J_{s_2}$ | $J_{s_3}$ | $Q_{max}$ | $\delta$ |
| 单位 | | | ° | mm | N | | | kg·m² | | N | |
| 方案一 | 11 | 38 | 20 | 5 | 660 | 440 | 300 | 0.28 | 0.085 | 4000 | 1/30 |
| 方案二 | 10 | 35 | 20 | 6 | 1060 | 720 | 550 | 0.64 | 0.2 | 7000 | 1/30 |
| 方案三 | 11 | 32 | 20 | 6 | 1600 | 1040 | 840 | 1.35 | 0.39 | 11000 | 1/30 |

### 3. 设计内容

(1) 连杆机构的设计及运动分析。

已知：中心距 $x_1$、$x_2$、$y$，构件 3 的上下极限角 $\psi_3'$、$\psi_3''$，滑块的冲程 $H$，比值 $\dfrac{CE}{CD}$、$\dfrac{EF}{DE}$，各构件重心 $S$ 的位置，曲柄每分钟转速 $n_1$。

要求：设计连杆机构，在 1# 图纸上（与后面的动态静力分析画在一起）作机构运动简图、机构两个位置的速度多边形和加速度多边形、滑块的运动线图。

曲柄位置图的作法如图 8-14 所示。取滑块在下极限位置时所对应的曲柄位置作为起始位置 1，按曲柄转向，将曲柄圆周作 12 等分，得 12 个曲柄位置；另外，再作出当滑块在上极限位置和距上极限为 $0.25H$ 时所对应的两个曲柄位置 6′ 和 10′。

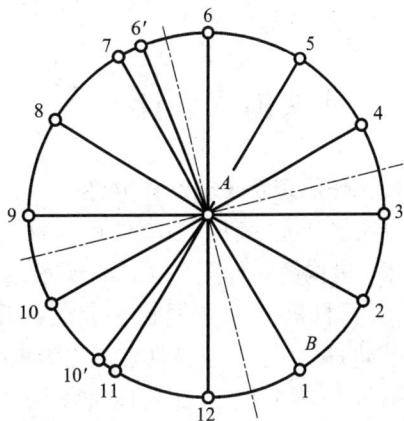

图 8-14　曲柄位置图

(2) 连杆机构的动态静力分析。

已知：各构件的重量 $G$ 及其对重心轴的转动惯量 $J_s$（曲柄 1 和连杆 4 的重量和转动惯量略去不计），阻力线图[图 8-13(b)]以及在连杆机构的设计及运动分析中所得的结果。

要求：确定 1~2 个机构位置的各运动副中的反作用力及加于曲柄上的平衡力矩（位置分配同前，见表 8-11）。作图部分也画在运动分析的图纸上。

表 8-11　机构位置分配表

| 学生编号 | 1 | 2 | 3 | 4 | 5 | 6 | 7 | 8 | 9 | 10 | 11 | 12 | 13 | 14 |
|---|---|---|---|---|---|---|---|---|---|---|---|---|---|---|
| 曲柄位置 | 1 | 2 | 3 | 4 | 5 | 6 | 6′ | 7 | 8 | 9 | 10 | 10′ | 11 | 12 |
| 编号 | 10 | 10′ | 11 | 12 | 1 | 2 | 3 | 4 | 5 | 6 | 6′ | 7 | 8 | 9 |

(3) 飞轮设计。

已知：机器运转的速度不均匀系数 $\delta$，由动态静力分析所得的平衡力矩 $M_y$，驱动力矩 $M_a$ 为常数，飞轮安装在曲柄轴 $A$ 上。

要求：在 2# 图纸上用惯性力法求飞轮转动惯量 $J_F$。

(4) 凸轮机构设计。

已知：从动件冲程 $H$，许用压力角 $[\alpha]$，推程运动角 $\Phi$，远休止角 $\Phi_s$，回程运动角 $\Phi'$，从动件的运动规律，凸轮与曲柄共轴。

要求：按 $[\alpha]$ 确定凸轮机构的基本尺寸，求出理论廓线外凸曲线的最小曲率半径 $\rho_{min}$，选取滚子半径 $r_g$，在 2# 图纸上绘制凸轮的实际廓线。

(5) 齿轮机构设计。

已知：齿数 $z_5$、$z_6$，模数 $m$，分度圆压力角 $\alpha$，齿轮为正常齿制，工作情况为开式齿轮，齿轮与曲柄共轴。

要求：选择两轮变位系数 $x_1$、$x_2$，计算此对齿轮传动的各部分尺寸，在2#图纸上绘制齿轮传动的啮合图。

# 8.15 牛头刨床设计

### 1.工作原理及工艺动作介绍

牛头刨床是一种靠刀具的往复直线运动及工作台的间歇运动来完成工件的平面切削加工的机床，机构简图如图8-15(a)所示。电动机是通过减速传动装置(皮带和齿轮传动)带动执行机构(导杆机构和凸轮机构)完成刨刀的往复运动和间歇移动的。刨床工作时，刨头6由曲柄2带动右行，刨刀进行切削，称为工作行程。在切削行程 $H$ 中，前后各有一段 $0.05H$ 的空刀距离[图8-15(b)]，工作阻力 $F$ 为常数；刨刀左行时，即为空回行程，此行程无工作阻力。在刨刀空回行程时，凸轮8通过四杆机构带动棘轮机构，棘轮机构带动螺旋机构，使工作台

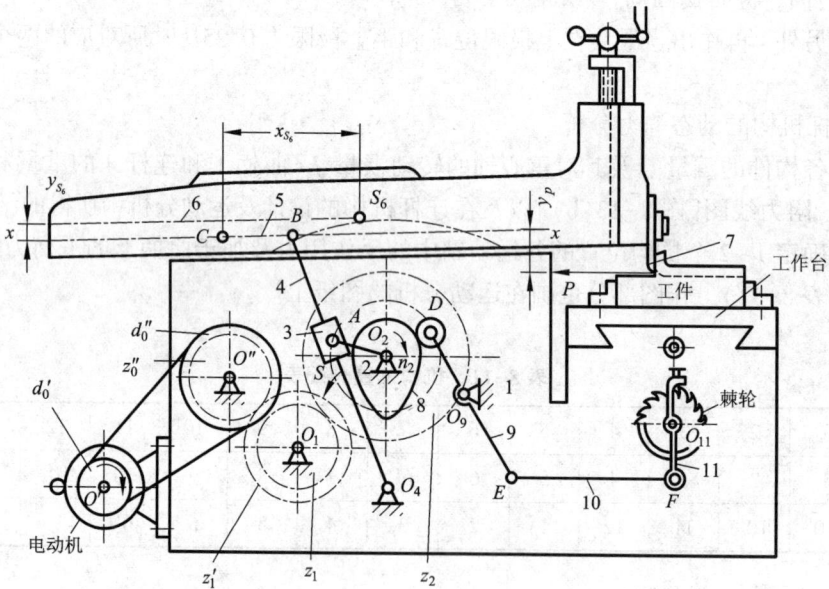

(a)牛头刨床机构简图

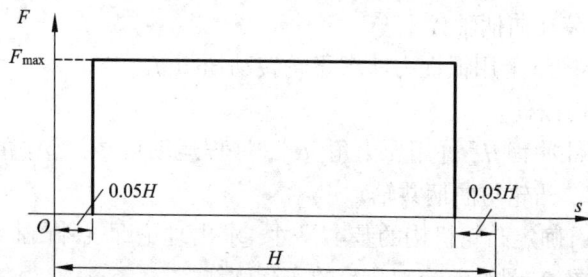

(b)刨刀阻力线

1—机架；2—曲柄；3—滑块；4—导杆；5—摇杆；6—刨头；7—刨刀；8—凸轮；9—摆杆；10—连杆；11—棘轮。

**图8-15 牛头刨床机构简图及阻力线图**

134

连同工件在垂直纸面方向上作一次进给运动，以便刨刀继续切削。刨头在整个运动循环中，受力变化是很大的，这就影响了主轴的匀速运动，故需安装飞轮来减小主轴的速度波动，以提高切削质量和减少电动机容量。

**2. 设计数据**

设计数据见表 8-12。

表 8-12　设计数据表

| 设计内容 | 导杆机构的运动分析 | | | | | | | | 导杆机构的动态静力分析 | | | | |
|---|---|---|---|---|---|---|---|---|---|---|---|---|---|
| 符号 | $n_2$ | $l_{o_2o_4}$ | $l_{o_2A}$ | $l_{o_4B}$ | $l_{BC}$ | $l_{o_4S_6}$ | $x_{S_6}$ | $y_{S_6}$ | $G_4$ | $G_6$ | $F$ | $y_p$ | $J_{s_4}$ |
| 单位 | r/min | mm | | | | | | | | N | | | mm | kg·m² |
| 方案一 | 60 | 380 | 110 | 540 | $0.25\,l_{o_4B}$ | $0.5\,l_{o_4B}$ | 240 | 50 | 200 | 700 | 7000 | 80 | 1.1 |
| 方案二 | 64 | 350 | 90 | 580 | $0.3\,l_{o_4B}$ | $0.5\,l_{o_4B}$ | 200 | 50 | 220 | 800 | 9000 | 80 | 1.2 |
| 方案三 | 72 | 430 | 110 | 810 | $0.36\,l_{o_4B}$ | $0.5\,l_{o_4B}$ | 180 | 40 | 220 | 620 | 8000 | 100 | 1.2 |

| 设计内容 | 飞轮转动惯量的确定 | | | | | | | | | 凸轮机构的设计 | | | | | | 齿轮机构的设计 | | | | |
|---|---|---|---|---|---|---|---|---|---|---|---|---|---|---|---|---|---|---|---|---|
| 符号 | $\delta$ | $n'_o$ | $z_1$ | $z''_o$ | $z'_1$ | $J_{o_2}$ | $J_{o_1}$ | $J''_o$ | $J'_o$ | $\psi_{max}$ | $l_{o_9D}$ | $[\alpha]$ | $\Phi$ | $\Phi_s$ | $\Phi'$ | $d'_o$ | $d''_o$ | $m_{12}$ | $m_{o''1'}$ | $\alpha$ |
| 单位 | | r/min | | | | kg·m² | | | | ° | mm | | ° | | | mm | | | | ° |
| 方案一 | 0.15 | 1440 | 10 | 20 | 40 | 0.5 | 0.3 | 0.2 | 0.2 | 15 | 125 | 40 | 75 | 10 | 75 | 100 | 300 | 6 | 3.5 | 20 |
| 方案二 | 0.15 | 1440 | 13 | 16 | 40 | 0.5 | 0.4 | 0.25 | 0.2 | 15 | 135 | 38 | 70 | 10 | 70 | 100 | 300 | 6 | 4 | 20 |
| 方案三 | 0.16 | 1440 | 15 | 19 | 50 | 0.5 | 0.3 | 0.2 | 0.2 | 15 | 130 | 42 | 75 | 10 | 65 | 100 | 300 | 6 | 3.5 | 20 |

**3. 设计内容**

(1) 导杆机构的运动分析。

已知：曲柄每分钟转数 $n_2$，各构件尺寸及重心位置，刨头导路 x-x 位于导杆端点 B 所作圆弧的平分线上，如图 8-16 所示。

要求：在 1#图纸上（与后面的动态静力分析画在一起）作机构的运动简图，并作机构两个位置的速度、加速度多边形以及刨头的运动线图。

曲柄位置图的作法为：取 1 和 8′为工作行程起点和终点所对应的曲柄位置，1′和 7′为切削起点和终点所对应的曲柄位置，其余 2～12 为从位置 1 起沿 $\omega_2$ 方向将曲柄圆周作 12 等分的位置。

(2) 导杆机构的动态静力分析。

已知：各构件的重量 G，其中曲柄 2、滑块 3 和连杆 5 的重量忽略不计，导杆 4 绕重心的转动惯量 $J_{s_4}$ 及切削力 F 的变化规律，如图 8-15(b) 所示。

要求：按表 8-13 所分配的第二行的一个位置，求各运动副中的反作用力及曲柄上所需的平衡力矩。

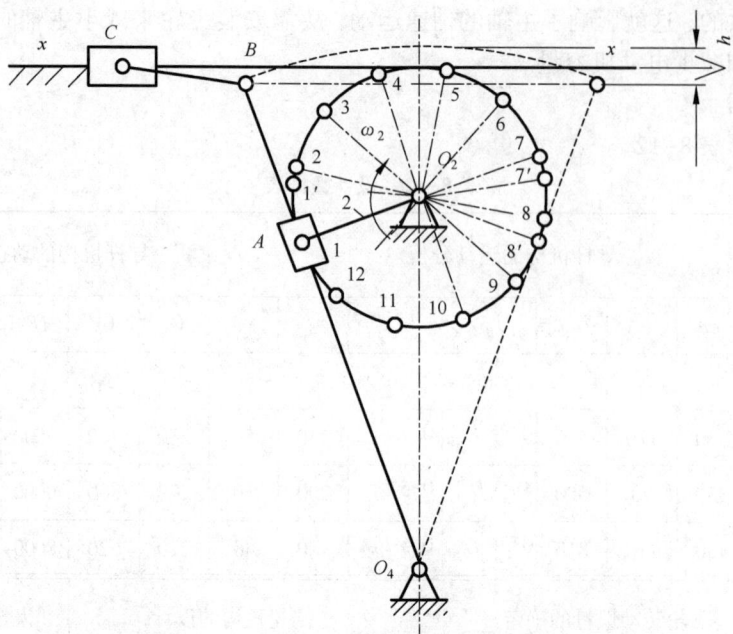

**图 8-16　曲柄位置示意图**

(3)飞轮设计。

已知：机器运转的速度不均匀系数 $\delta$，由动态静力分析所得的平衡力矩 $M_y$，具有定传动比的各构件的转动惯量 $J$，电动机、曲轴的转速 $n'_0$、$n_2$ 及某些齿轮的齿数，驱动力矩 $M_a$ 为常数。

要求：在 2#图纸上用惯性力法确定安装在轴 $O_2$ 上的飞轮转动惯量 $J_F$。

**表 8-13　机构位置分配表**

| 学生编号 | 1 | 2 | 3 | 4 | 5 | 6 | 7 | 8 | 9 | 10 | 11 | 12 | 13 | 14 | 15 |
|---|---|---|---|---|---|---|---|---|---|---|---|---|---|---|---|
| 曲柄位置编号 | 1 | 2 | 3 | 4 | 5 | 6 | 7 | 8 | 9 | 10 | 11 | 12 | 1 | 2 | 3 |
| | 7 | 8' | 6 | 8' | 1 | 2 | 11 | 3 | 1' | 1' | 7' | 4 | 7' | 8 | 9 |
| 学生编号 | 16 | 17 | 18 | 19 | 20 | 21 | 22 | 23 | 24 | 25 | 26 | 27 | 28 | 29 | 30 |
| 曲柄位置编号 | 4 | 5 | 6 | 7 | 8 | 9 | 10 | 11 | 12 | 1 | 2 | 3 | 4 | 5 | 6 |
| | 10 | 12 | 1 | 12 | 5 | 2 | 3 | 8 | 6 | 4 | 5 | 9 | 10 | 11 |

(4)凸轮机构设计。

已知：摆杆 9 为等加速等减速运动规律，其推程运动角 $\Phi$，远休止角 $\Phi_s$，回程运动角 $\Phi'$（图 8-17），摆杆长度 $l_{O_9D}$，最大摆角 $\psi_{max}$，许用压力角 $[\alpha]$，凸轮与曲柄共轴。

要求：确定凸轮机构的基本尺寸，选取滚子半径，在 2#图纸上绘制凸轮的实际廓线。

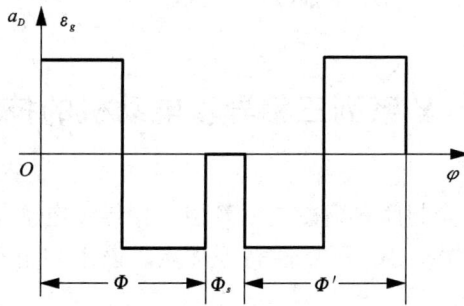

图 8-17　摆杆加速度线图

（5）齿轮机构设计。

已知：电动机、曲轴的转速 $n_o'$、$n_2$，皮带轮直径 $d_o'$、$d_o''$，某些齿轮的齿数 $z$，模数 $m$，分度圆压力角 $\alpha$，齿轮为正常齿制，工作情况为开式齿轮。

要求：计算齿轮 $z_2$ 的齿数，选择齿轮副 $z_1$-$z_2$ 的变位系数，计算此对齿轮传动的各部分尺寸，在 2#图纸上绘制齿轮传动的啮合图。

# 附　录

## 附录Ⅰ　Y系列三相异步电动机的技术数据

Y系列是指一般用途的全封闭自扇冷式鼠笼型三相异步电动机，具有高效、节能、启动转矩大、性能好、噪声低、振动小、可靠性高等优点。该系列电动机符合国际电工委员会（IEC）标准且使用维护方便。

Y系列电动机适用于不含易燃、易爆或腐蚀性气体的一般场所和无特殊要求的机械，如金属切削机床、泵、风机、运输机械、搅拌机、农业机械、食品机械等。它由于有较好的启动性能，因此也适用于某些对启动转矩有较高要求的机械，如压缩机等。

Y系列电动机的型号由四部分组成：第一部分汉语拼音字母Y表示异步电动机；第二部分数字表示机座中心高（机座不带底脚时，与机座带底脚时相同）；第三部分为机座长度代号（S—短机座、M—中机座、L—长机座），字母后的数字为铁芯长度代号；第四部分横线后的数字为电动机的极数。

例如：

```
Y   132   S2-2 ─── 极数
                └── 短机座，第二种铁芯长度
         └──────── 机座中心高(mm)
   └────────────── 异步电动机
```

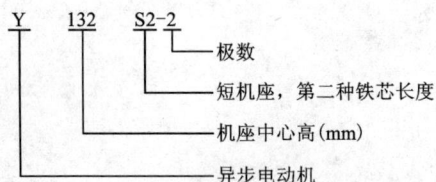

附表Ⅰ-1　Y系列三相异步电动机的技术数据( JB/T 9616—1999)

| 电动机型号 | 额定功率 $P/\text{kW}$ | 满载转速 $n/(\text{r}\cdot\text{min}^{-1})$ | 堵转转矩/额定转矩 | 最大转矩/额定转矩 |
|---|---|---|---|---|
| 同步转速 $n=3000\ \text{r}\cdot\text{min}^{-1}$，2极 | | | | |
| Y801-2 | 0.75 | 2825 | 2.2 | 2.2 |
| Y802-2 | 1.1 | 2825 | 2.2 | 2.2 |
| Y90S-2 | 1.5 | 2840 | 2.2 | 2.2 |
| Y90L-2 | 2.2 | 2840 | 2.2 | 2.2 |
| Y100L-2 | 3 | 2880 | 2.2 | 2.2 |
| Y112M-2 | 4 | 2890 | 2.2 | 2.2 |
| Y132S1-2 | 5.5 | 2900 | 2.0 | 2.2 |
| Y132S2-2 | 7.5 | 2900 | 2.0 | 2.2 |
| Y160M1-2 | 11 | 2930 | 2.0 | 2.2 |
| Y160M2-2 | 15 | 2930 | 2.0 | 2.2 |
| Y160L-2 | 18.5 | 2930 | 2.0 | 2.2 |
| Y180M-2 | 22 | 2940 | 2.0 | 2.2 |

138

续附表 I -1

| 电动机型号 | 额定功率 $P/\mathrm{kW}$ | 满载转速 $n/(\mathrm{r\cdot min^{-1}})$ | 堵转转矩 额定转矩 | 最大转矩 额定转矩 |
|---|---|---|---|---|
| Y200L1-2 | 30 | 2950 | 2.0 | 2.2 |
| Y200L2-2 | 37 | 2950 | 2.0 | 2.2 |
| Y225M-2 | 45 | 2970 | 2.0 | 2.2 |
| Y250M-2 | 55 | 2970 | 2.0 | 2.2 |
| 同步转速 $n=1500\ \mathrm{r\cdot min^{-1}}$, 4极 | | | | |
| Y801-4 | 0.55 | 1390 | 2.2 | 2.2 |
| Y802-4 | 0.75 | 1390 | 2.2 | 2.2 |
| Y90S-4 | 1.1 | 1400 | 2.2 | 2.2 |
| Y90L-4 | 1.5 | 1400 | 2.2 | 2.2 |
| Y100L1-4 | 2.2 | 1420 | 2.2 | 2.2 |
| Y100L2-4 | 3 | 1420 | 2.2 | 2.2 |
| Y112M-4 | 4 | 1440 | 2.2 | 2.2 |
| Y132S-4 | 5.5 | 1440 | 2.2 | 2.2 |
| Y132M-4 | 7.5 | 1440 | 2.2 | 2.2 |
| Y160M-4 | 11 | 1460 | 2.2 | 2.2 |
| Y160L-4 | 15 | 1460 | 2.2 | 2.2 |
| Y180M-4 | 18.5 | 1470 | 2.0 | 2.2 |
| Y180L-4 | 22 | 1470 | 2.0 | 2.2 |
| Y200L-4 | 30 | 1470 | 2.0 | 2.2 |
| Y225S-4 | 37 | 1480 | 1.9 | 2.2 |
| Y225M-4 | 45 | 1480 | 1.9 | 2.2 |
| Y250M-4 | 55 | 1480 | 2.0 | 2.2 |
| Y280S-4 | 75 | 1480 | 1.9 | 2.2 |
| Y280M-4 | 90 | 1480 | 1.9 | 2.2 |
| 同步转速 $n=1000\ \mathrm{r\cdot min^{-1}}$, 6极 | | | | |
| Y90S-6 | 0.75 | 910 | 2.0 | 2.0 |
| Y90L-6 | 1.1 | 910 | 2.0 | 2.0 |
| Y100L-6 | 1.5 | 940 | 2.0 | 2.0 |
| Y112M-6 | 2.2 | 940 | 2.0 | 2.0 |
| Y132S-6 | 3 | 960 | 2.0 | 2.0 |
| Y132M1-6 | 4 | 960 | 2.0 | 2.0 |

| 电动机型号 | 额定功率<br>$P/\text{kW}$ | 满载转速<br>$n/(\text{r}\cdot\text{min}^{-1})$ | 堵转转矩<br>额定转矩 | 最大转矩<br>额定转矩 |
|---|---|---|---|---|
| Y132M2-6 | 5.5 | 960 | 2.0 | 2.0 |
| Y160M-6 | 7.5 | 970 | 2.0 | 2.0 |
| Y160L-6 | 11 | 970 | 2.0 | 2.0 |
| Y180L-6 | 15 | 970 | 1.8 | 2.0 |
| Y200L1-6 | 18.5 | 970 | 1.8 | 2.0 |
| Y200L2-6 | 22 | 970 | 1.8 | 2.0 |
| Y225M-6 | 30 | 980 | 1.7 | 2.0 |
| Y250M-6 | 37 | 980 | 1.8 | 2.0 |
| Y280S-6 | 45 | 980 | 1.8 | 2.0 |
| Y280M-6 | 55 | 980 | 1.8 | 2.0 |
| 同步转速 $n=750\ \text{r}\cdot\text{min}^{-1}$, 8 极 | | | | |
| Y132S-8 | 2.2 | 710 | 2.0 | 2.0 |
| 132M-8 | 3 | 710 | 2.0 | 2.0 |
| Y160M1-8 | 4 | 720 | 2.0 | 2.0 |
| Y160M2-8 | 5.5 | 720 | 2.0 | 2.0 |
| Y160L-8 | 7.5 | 720 | 2.0 | 2.0 |
| Y180L-8 | 11 | 730 | 1.7 | 2.0 |
| Y200L-8 | 15 | 730 | 1.8 | 2.0 |
| Y225S-8 | 18.5 | 730 | 1.7 | 2.0 |
| Y225M-8 | 22 | 730 | 1.8 | 2.0 |
| Y250M-8 | 30 | 730 | 1.8 | 2.0 |
| Y280S-8 | 37 | 740 | 1.8 | 2.0 |
| Y280M-8 | 45 | 740 | 1.8 | 2.0 |
| Y315S-8 | 55 | 740 | 1.6 | 2.0 |

# 附录Ⅱ 常用构件、运动副的符号

附表Ⅱ-1 常用运动副及其简图

| 名称 | 图形 | 简图符号 | 副级 | 自由度 |
|------|------|----------|------|--------|
| 移动副 | | | V | 1 |
| 转动副 | | | V | 1 |
| 螺旋副 | | | V | 1 |
| 圆柱套筒副 | | | Ⅳ | 2 |
| 球销副 | | | Ⅳ | 2 |

**续附表 II -1**

| 名称 | 图形 | 简图符号 | 副级 | 自由度 |
|---|---|---|---|---|
| 球面低副 | 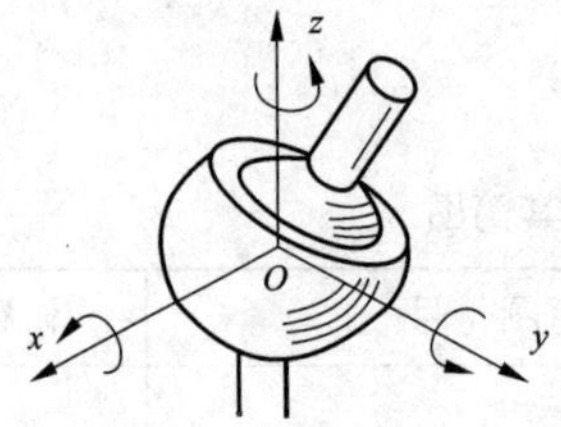 |  | III | 3 |
| 柱面高副 | 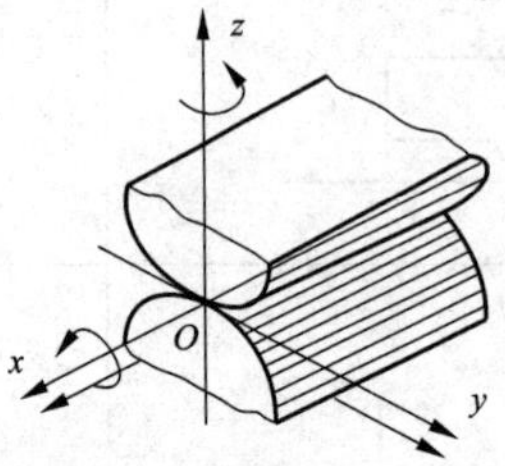 | 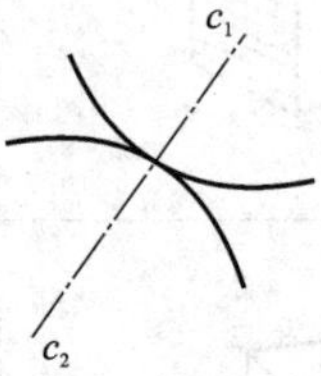 | II | 4 |
| 球面高副 | 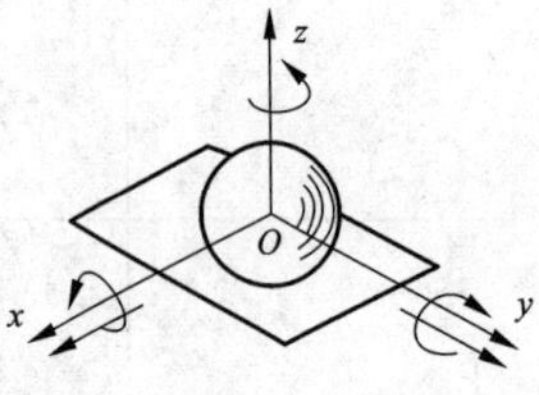 | 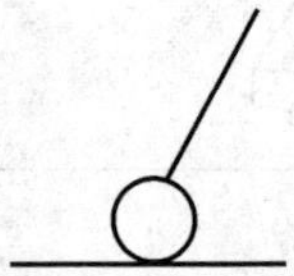 | I | 5 |

**附表 II -2　常用构件、运动副的符号**

| 名称 | 两运动构件形成的转动副 | 两构件之一为机架时所形成的运动副 |
|---|---|---|
| 转动副 | 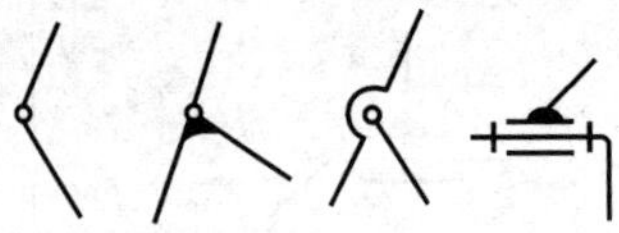 | 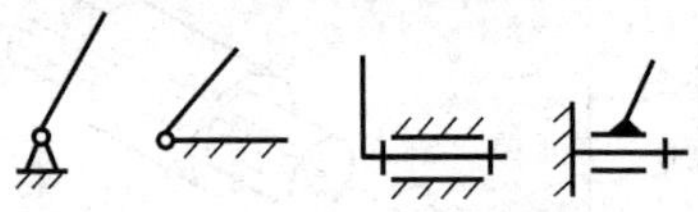 |
| 移动副 | 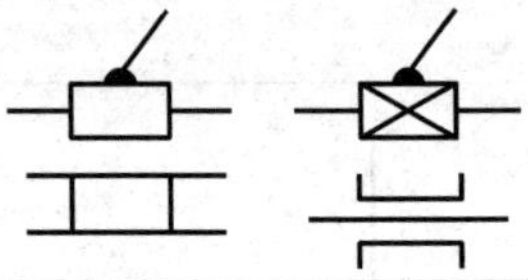 | 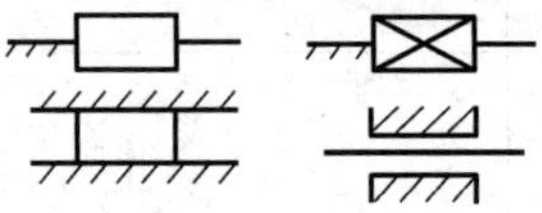 |

| 名称 | 二副元素构件 | 三副元素构件 | 多副元素构件 |
|---|---|---|---|
| 构件 | 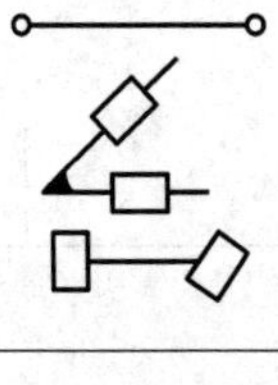 | 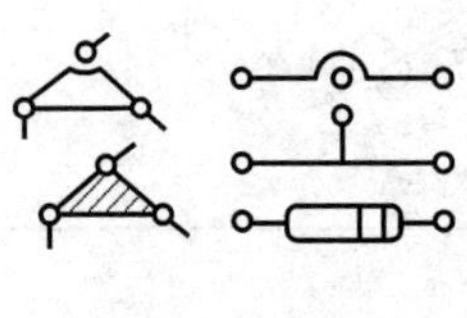 | 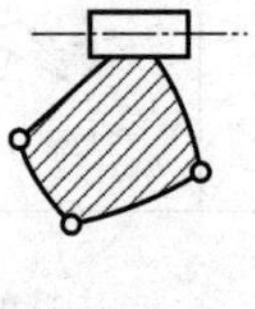 |

**续附表 Ⅱ −2**

| 名称 | 两运动构件形成的转动副 | | 两构件之一为机架时所形成的运动副 |
|---|---|---|---|
| | 凸轮机构 | 棘轮机构 | 带传动 |
| 凸轮及<br>其他机构 | | | |
| | 外齿轮 | 内齿轮 | 圆锥齿轮 | 蜗轮蜗杆 |
| 齿轮机构 | | | | |

# 附录Ⅲ 常用名词术语中英文对照

| | |
|---|---|
| 摆杆 | oscillating bar |
| 摆动从动件 | oscillating follower |
| 摆动从动件凸轮机构 | cam with oscillating follower |
| 摆动导杆机构 | oscillating guide-bar mechanism |
| 摆线齿轮 | cycloidal gear |
| 摆线齿形 | cycloidal tooth profile |
| 摆线运动规律 | cycloidal motion |
| 摆线针轮 | cycloidal-pin wheel |
| 包角 | angle of contact |
| 闭式链 | closed kinematic chain |
| 闭链机构 | closed chain mechanism |
| 变速 | speed change |
| 变速齿轮 | change gear, change wheel |
| 变位齿轮 | modified gear |
| 变位系数 | modification coefficient |
| 标准齿顶高 | standard addendum |
| 标准齿轮 | standard gear |
| 标准直齿轮 | standard spur gear |
| 并联机构 | parallel mechanism |
| 并联组合机构 | parallel combined mechanism |
| 不完全齿轮机构 | intermittent gearing |
| 槽轮 | geneva wheel |
| 槽轮机构 | geneva mechanism; maltese cross |
| 槽数 | geneva numerate |
| 槽凸轮 | groove cam |
| 侧隙 | backlash |
| 差动轮系 | differential gear train |
| 差动螺旋机构 | differential screw mechanism |
| 差速器 | differential |
| 常用机构 | conventional mechanism, mechanism in common use |
| 齿槽 | tooth space |
| 齿槽宽 | spacewidth |
| 齿侧间隙 | backlash |
| 齿顶厚 | addendum thickness |

144

| | |
|---|---|
| 齿顶高 | addendum, addenda(plu) |
| 齿顶高系数 | coefficient of addendum |
| 齿顶线 | addendum line |
| 齿顶圆 | addendum circle |
| 齿顶圆半径 | radius of addendum |
| 齿顶圆直径 | diameter of addendum |
| 齿根高 | dedendum |
| 齿根圆 | dedendum circle |
| 齿厚 | tooth thickness |
| 齿距 | circular pitch |
| 齿宽 | face width |
| 齿廓 | tooth profile |
| 齿廓啮合基本定律 | fundamental law of gearing, fundamental law of gear-tooth action |
| 齿廓曲线 | tooth curve |
| 齿轮 | gear |
| 齿轮齿条机构 | pinion and rack |
| 齿轮插刀 | pinion cutter, pinion-shaped shaper cutter |
| 齿轮滚刀 | hob, hobbing cutter |
| 齿轮机构 | gear |
| 齿轮轮坯 | blank |
| 齿轮传动系 | pinion unit |
| 齿轮联轴器 | gear coupling |
| 齿条传动 | rack gear |
| 齿数 | tooth number |
| 齿数比 | gear ratio |
| 齿条 | rack |
| 齿条插刀 | rack cutter, rack-shaped shaper cutter |
| 齿式棘轮机构 | tooth ratchet mechanism |
| 重合度 | contact ratio |
| 传动比 | transmission ratio, speed ratio |
| 传动机构 | actuations |
| 传动角 | transmission angle |
| 传动系统 | driven system |
| 串联式组合机构 | series combined mechanism |
| 创新设计 | creation design |
| 从动件 | driven link, follower |
| 从动件平底宽度 | width of flat-face |
| 从动件停歇 | follower dwell |
| 从动件运动规律 | follower motion |

| | |
|---|---|
| 大齿轮 | gear wheel |
| 当量齿轮 | equivalent spur gear, virtual gear |
| 刀具 | cutter |
| 等加速等减速运动规律 | parabolic motion, constant acceleration and deceleration motion |
| 等速运动规律 | uniform motion, constant velocity motion |
| 等径凸轮 | conjugate yoke radial cam |
| 等宽凸轮 | constant-breadth cam |
| 等效构件 | equivalent link |
| 等效转动惯量 | equivalent moment of inertia |
| 等效动力学模型 | dynamically equivalent model |
| 低副 | lower pair |
| 端面齿距 | transverse circular pitch |
| 端面齿廓 | transverse tooth profile |
| 端面重合度 | transverse contact ratio |
| 端面模数 | transverse module |
| 端面压力角 | transverse pressure angle |
| 对心滚子从动件 | radial (or in-line) roller follower |
| 对心直动从动件 | radial (or in-line) translating follower |
| 对心移动从动件 | radial reciprocating follower |
| 对心曲柄滑块机构 | in-line slider-crank (or crank-slider) mechanism |
| 多项式运动规律 | polynomial motion |
| 发生线 | generating line |
| 发生面 | generating plane |
| 法面 | normal plane |
| 法面参数 | normal parameters |
| 法面齿顶高系数 | coefficient of normal addendum |
| 法面齿距 | normal circular pitch |
| 法面模数 | normal module |
| 法面压力角 | normal pressure angle |
| 法向齿距 | normal pitch |
| 法向齿廓 | normal tooth profile |
| 法向直廓涡杆 | straight sided normal worm |
| 法向力 | normal force |
| 范成法 | generating cutting |
| 仿形法 | form cutting |
| 飞轮 | flywheel |
| 飞轮矩 | moment of flywheel |
| 非标准齿轮 | nonstandard gear |
| 非圆齿轮 | non-circular gear |

146

| | |
|---|---|
| 分度线 | reference line, standard pitch line |
| 分度圆 | reference circle, standard (cutting) pitch circle |
| 分度圆柱导程角 | lead angle at reference cylinder |
| 分度圆柱螺旋角 | helix angle at reference cylinder |
| 复合铰链 | compound hinge |
| 复合式组合 | compound combining |
| 复合轮系 | compound (or combined) gear train |
| 复杂机构 | complex mechanism |
| 杆组 | Assur group |
| 高副 | higher pair |
| 根切 | undercutting |
| 共轭齿廓 | conjugate profiles |
| 共轭凸轮 | conjugate cam |
| 构件 | link |
| 机构 | mechanism |
| 机构分析 | analysis of mechanism |
| 机构平衡 | balance of mechanism |
| 机构学 | mechanism |
| 机构运动设计 | kinematic design of mechanism |
| 机构运动简图 | kinematic sketch of mechanism |
| 机构综合 | synthesis of mechanism |
| 机构组成 | constitution of mechanism |
| 机架 | frame, fixed link |
| 机架变换 | kinematic inversion |
| 机械创新设计 | mechanical creation design, MCD |
| 机械系统设计 | mechanical system design, MSD |
| 机械动力分析 | dynamic analysis of machinery |
| 机械动力设计 | dynamic design of machinery |
| 机械动力学 | dynamics of machinery |
| 机械的现代设计 | modern machine design |
| 机械平衡 | balance of machinery |
| 机械调速 | mechanical speed governors |
| 机械效率 | mechanical efficiency |
| 机械运转不均匀系数 | coefficient of speed fluctuation |
| 基圆 | base circle |
| 基圆半径 | radius of base circle |
| 基圆齿距 | base pitch |
| 基圆压力角 | pressure angle of base circle |
| 基圆柱 | base cylinder |

147

| | |
|---|---|
| 急回特性 | quick-return characteristics |
| 急回运动 | quick-return motion |
| 棘爪 | pawl |
| 极限啮合点 | limit of action |
| 极位夹角 | crank angle between extreme (or limiting) positions |
| 极限位置 | extreme (or limiting) position |
| 尖点 | pointing, cusp |
| 尖底从动件 | knife-edge follower |
| 间隙 | backlash |
| 间歇运动机构 | intermittent motion mechanism |
| 渐开线 | involute |
| 渐开线齿廓 | involute profile |
| 渐开线齿轮 | involute gear |
| 渐开线发生线 | generating line of involute |
| 渐开线方程 | involute equation |
| 渐开线函数 | involute function |
| 渐开线压力角 | pressure angle of involute |
| 简谐运动 | simple harmonic motion |
| 节点 | pitch point |
| 节距 | circular pitch, pitch of teeth |
| 节线 | pitch line |
| 节圆 | pitch circle |
| 节圆齿厚 | thickness on pitch circle |
| 节圆直径 | pitch diameter |
| 理论廓线 | pitch curve |
| 理论啮合线 | theoretical line of action |
| 力多边形 | force polygon |
| 力封闭型凸轮机构 | force-drive (or force-closed) cam mechanism |
| 连杆 | connecting rod, coupler |
| 连杆机构 | linkage |
| 连杆曲线 | coupler-curve |
| 啮合 | engagement, mesh, gearing, action |
| 啮合点 | contact points |
| 啮合角 | working pressure angle, angle of action |
| 啮合线 | line of action |
| 啮合线长度 | length of line of action |
| 诺模图 | nomogram |
| 盘形凸轮 | disk cam |
| 偏(心)距 | offset distance |

148

| 偏距圆 | offset circle |
|---|---|
| 偏置滚子从动件 | offset roller follower |
| 偏置尖底从动件 | offset knife-edge follower |
| 偏置曲柄滑块机构 | offset slider-crank mechanism |
| 平面副 | planar pair, flat pair |
| 平面机构 | planar mechanism |
| 平面运动副 | planar kinematic pair |
| 平面连杆机构 | planar linkage |
| 平面凸轮 | planar cam |
| 平面凸轮机构 | planar cam mechanism |
| 其他常用机构 | other mechanism in common use |
| 曲柄 | crank |
| 曲柄导杆机构 | crank shaper (guide-bar) mechanism |
| 曲柄滑块机构 | slider-crank (or crank-slider) mechanism |
| 曲柄摇杆机构 | crank-rocker mechanism |
| 曲率半径 | radius of curvature |
| 球面副 | spheric pair |
| 升程 | rise |
| 实际齿数 | actual number of teeth |
| 实际廓线 | cam profile |
| 实际啮合线段长度 | effective length of line of action |
| 实际啮合线 | actual line of action |
| 双滑块机构 | double-slider mechanism, ellipsograph |
| 双曲柄机构 | double crank mechanism |
| 瞬心 | instantaneous center |
| 死点 | dead point |
| 四杆机构 | four-bar linkage |
| 速度 | velocity |
| 速度不均匀(波动)系数 | coefficient of speed fluctuation |
| 速度波动 | speed fluctuation |
| 速度曲线 | velocity diagram |
| 速度瞬心 | instantaneous center of velocity |
| 凸轮 | cam |
| 凸轮倒置机构 | inverse cam mechanism |
| 凸轮机构 | cam, cam mechanism |
| 凸轮廓线 | cam profile |
| 凸轮廓线绘制 | layout of cam profile |
| 凸轮理论廓线 | pitch curve |
| 凸缘联轴器 | flange coupling |

# 参考文献

[1] 戴娟，杨文敏，邱显焱. 机械原理课程设计指导书[M]. 北京：高等教育出版社，2020.

[2] 张锦明. 机械设计课程设计[M]. 南京：东南大学出版社，2014.

[3] 郭聚东，龚建成. 机械设计课程设计[M]. 武汉：华中科技大学出版社，2015.

[4] 赵满平，马星国. 机械原理课程设计[M]. 沈阳：东北大学出版社，2005.

[5] 刘毅. 机械原理课程设计[M]. 武汉：华中科技大学出版社，2008.

[6] 邹焱飚，翟敬梅. 机械原理课程设计[M]. 北京：中国轻工业出版社，2010.

[7] 邹慧君. 机械原理课程设计手册[M]. 2版. 北京：高等教育出版社，2010：10.

[8] 吴宗泽. 机械零件设计手册[M]. 北京：机械工业出版社，2006.

[9] 申永胜. 机械原理教程[M]. 北京：清华大学出版社，2015.

[10] 戴娟. 机械原理课程设计指导书[M]. 北京：高等教育出版社，2011：1.

[11] 杨可桢，程光蕴. 机械设计基础[M]. 6版. 北京：高等教育出版社，2013：8.

[12] 王三民. 机械原理与设计课程设计[M]. 北京：机械工业出版社，2012：7.

[13] 裘建新. 机械原理课程设计指导书[M]. 北京：高等教育出版社，2005：4.

[14] 牛鸣歧，王保民，王振甫. 机械原理课程设计手册[M]. 重庆：重庆大学出版社，2001.

[15] 邹慧君. 机械原理[M]. 3版. 北京：高等教育出版社，2016：4.

[16] 曲继方. 机械原理课程设计[M]. 北京：机械工业出版社，1999：4.

[17] 陆凤仪. 机械原理课程设计[M]. 2版. 北京：机械工业出版社，2011：6.

[18] 师忠秀，王继荣. 机械原理课程设计[M]. 北京：机械工业出版社，2003：7.

[19] 江洪，陆利锋，魏铮. Solidworks动画演示与运动分析实例解析[M]. 北京：机械工业出版社，2005：6.

[20] 席伟光，杨光，李波. 机械设计课程设计[M]. 北京：高等教育出版社，2003：7.

[21] 徐灏. 机械设计手册1[M]. 2版. 北京：机械工业出版社，2003：2.

[22] 朱龙根，黄雨华. 机械系统设计[M]. 北京：机械工业出版社，2003：6.

[23] 王强. 机械原理课程设计指导书[M]. 重庆：重庆大学出版社，2013：1.

[24] 黄靖远，龚剑霞，贾延林. 机械设计学[M]. 北京：机械工业出版社，1999：1.

[25] 孟宪源，姜琪. 机构构型与应用[M]. 北京：机械工业出版社，2003：4.

[26] 符炜. 机构设计学[M]. 长沙：湖南大学出版社，2001：4.

[27] 张济川. 机械最优化设计及应用实例[M]. 北京：新时代出版社，1990：6.

[28] 王淑仁，王丹. 计算机辅助机构设计[M]. 沈阳：东北大学出版社，2001：6.

[29] 华大年，唐之伟. 机构分析与设计[M]. 北京：纺织工业出版社，1985：7.

[30] 朱理. 机械原理[M]. 2版. 北京：高等教育出版社，2010：4.

**图书在版编目（CIP）数据**

机械原理课程设计 / 戴娟，庞小兵，姜胜强主编.
—长沙：中南大学出版社，2024.1
ISBN 978-7-5487-5168-7

Ⅰ. ①机… Ⅱ. ①戴… ②庞… ③姜… Ⅲ. ①机构学
—课程设计—高等学校—教材 Ⅳ. ①TH111-41

中国版本图书馆 CIP 数据核字（2022）第 203365 号

机械原理课程设计

主　编　戴　娟　庞小兵　姜胜强
副主编　汪智能　杨　毅　唐嘉昌

□ 责任编辑　谭　平
□ 责任印制　唐　曦
□ 出版发行　中南大学出版社
　　　　　　社址：长沙市麓山南路　　　　邮编：410083
　　　　　　发行科电话：0731-88876770　　传真：0731-88710482
□ 印　　装　湖南省众鑫印务有限公司

□ 开　　本　787 mm×1092 mm　1/16　□ 印张 10.25　□ 字数 258 千字
□ 版　　次　2024 年 1 月第 1 版　　　　□ 印次 2024 年 1 月第 1 次印刷
□ 书　　号　ISBN 978-7-5487-5168-7
□ 定　　价　38.00 元

图书出现印装问题，请与经销商调换